TORRENTS
FLEUVES ET CANAUX
DE LA FRANCE

PAR

H. BLERZY

PARIS

LIBRAIRIE GERMER BAILLIÈRE ET Cie

108, BOULEVARD SAINT-GERMAIN, 108

Au coin de la rue Hautefeuille

TORRENTS
FLEUVES ET CANAUX
DE LA FRANCE

PRÉFACE

Il y a un côté par lequel les écrits des ingénieurs intéressent toujours ceux qui ont le moins de goût pour les études techniques, c'est quand ils nous montrent comment on met en valeur les richesses enfouies dans le sol, comment on exploite les ressources naturelles d'une contrée. Le fabuliste nous l'a enseigné jadis : c'est le fond qui manque le moins ; il ne faut qu'en savoir tirer profit. Bien prospère serait la nation qui ne laisserait rien perdre de ce que lui offre la nature, qui saurait conjurer les éléments contraires, récolter toutes les bonnes choses que la Providence a semées à profusion sur la terre. Les travaux des ingénieurs n'ont souvent d'autre but ; mais les savants capables de mettre à notre portée les sujets de ce genre sont vraiment trop rares. Les uns font profession de scruter les lois secrètes de la nature, et se maintiennent le plus souvent dans le domaine abstrait des théories générales ; d'autres, avec plus de bonne volonté que de talent, entreprennent d'explorer notre globe par des méthodes imparfaites.

C'est ainsi que deux sciences qui ont des rapports intimes avec l'agriculture et l'art des constructions, la géologie et la météorologie, se sont montrées presque inactives jusqu'à ce jour. La première est restée trop théorique ; l'autre est tombée dans un certain discrédit faute d'une bonne direction qui lui a manqué pendant longtemps. Les œuvres des ingénieurs que nous essaierons de résumer dans ce petit volume échappent à ce double écueil.

Ainsi, M. Surell a décrit avec une sagacité merveilleuse l'action destructive des torrents de montagnes, et son continuateur, M. Cézanne, a montré, trente ans plus tard, combien les remèdes proposés par M. Surell avaient été efficaces. Ainsi, M. Belgrand, l'éminent ingénieur à qui la ville de Paris doit ses distributions d'eau et ses égouts, a fait sur la fin de sa vie la monographie du bassin de la Seine, pour nous exposer ce qu'un fleuve aux allures régulières crée de richesses entre sa source et son embouchure. Que l'on descende avec lui ce beau cours d'eau depuis le Morvan jusqu'au Havre, que l'on en compte les affluents, que l'on en recherche les moindres sources dans les replis du terrain, que l'on en mesure le débit, que l'on jauge la pluie qui tombe, ce que l'air en emporte et ce que le sol en absorbe, que l'on sonde le sol pour en apprécier les qualités diverses, on apprendra ce que l'homme intelligent et laborieux peut faire de cette vaste superficie dont Paris est le centre géographique, quelles cultures il doit favoriser, quelles autres dont il fera mieux de s'abstenir, ce qu'il faut craindre des sécheresses et des inondations, dans quel sens enfin il convient de diriger les efforts pour que la population agglomérée dans treize ou quatorze départements de la France atteigne le plus haut degré de prospérité matérielle. Rien n'est plus propre à faire connaître les ressources d'un pays que cette sorte de géographie agricole et industrielle d'un grand bassin fluvial.

Mais l'eau courante, soit qu'elle se précipite de rocher en rocher dans le lit d'un torrent, soit qu'elle s'écoule avec lenteur entre les rives paisibles d'une large rivière, ne satisfait pas dans son état naturel aux besoins de la navigation, l'un des plus utiles usages que l'homme en puisse faire. Les ingénieurs ont donc senti la nécessité d'en régler l'écoulement, d'en écarter les obstacles. De là est né un art tout moderne qui appelle à son aide la géologie, la métérologie, en un mot, toutes les sciences qui ont pour but l'étude de la surface terrestre. On avait beaucoup négligé la navigation intérieure depuis l'invention des chemins de fer. C'était un tort, aujourd'hui reconnu. Des projets grandioses de canalisation se discutent ou se préparent. On apprendra, en étudiant les savants mémoires de MM. Krantz et de Lagréné, ce que l'on doit attendre de ce mode de transport économique, par quels procédés on peut le développer.

Torrent, fleuve ou canal, c'est toujours de l'eau courante. Seulement l'industrie humaine ne lui demande pas toujours les mêmes services. La nature, en chacun de ces états différents, offre à l'ingénieur de nouveaux problèmes à résoudre. C'est l'examen de ces problèmes qui fera le sujet de ce qui va suivre.

CHAPITRE PREMIER

LES TORRENTS DES ALPES

Pendant longtemps, les géologues expliquèrent par des mouvements convulsifs du sol la forme actuelle de notre planète. Les montagnes étaient de brusques soulèvements ; l'affaissement qui y correspondait avait donné naissance aux bassins des lacs et des mers ; les vallées étaient des fissures restées béantes lorsque l'écorce du globe s'était disloquée. Partout, dans la croûte solide de la terre, on voulait voir la trace de catastrophes plus ou moins récentes ; tout au plus accordait-on aux intempéries atmosphériques et aux eaux courantes la puissance de niveler quelques bas-fonds, d'adoucir quelques pentes.

Certains géologues novateurs, la plupart Anglais d'origine, ont répudié ces vieilles doctrines en ces dernières années. A la théorie du *catastrophisme*, seule admise jusqu'alors, ils ont substitué la doctrine de *l'uniformisme,* qui consiste en ceci que les phénomènes sont dus, sauf des variations d'intensité, aux forces encore actives de nos jours. Plus de soulèvements subits, mais de lentes oscillations dont l'effet n'est bien sensible qu'après des milliers ou des millions d'années ; des mers dont le sol s'enfonce ou se relève imperceptiblement chaque siècle, des vallées que les glaciers et les torrents creusent et nivellent petit à petit par érosion, des plaines de gravier et des deltas sablonneux auxquels l'eau courante apporte chaque jour un léger surcroît de matériaux arrachés à la montagne : telle serait l'histoire du globe éternellement modifié sur lequel nous vivons.

Cette doctrine nouvelle, qui n'a que le tort insignifiant d'assigner au monde une antiquité prodigieuse, est conforme au véritable esprit scientifique, parce qu'elle remplace les cataclysmes accidentels par le jeu régulier des forces ordinaires de la nature. L'observation des faits lui est d'ailleurs favorable. Les recherches poursuivies depuis vingt-cinq ans en tout pays, dans les plaines aussi bien que dans les montagnes, ont rendu évidente la puissance excessive des glaciers, de ceux qui pendent encore sur le flanc des montagnes, et surtout de ceux qui recouvraient l'Europe centrale aux époques antéhistoriques, lorsque le glacier du Rhône s'allongeait jusqu'à Lyon et qu'au pied des Pyrénées un autre glacier de 400 à 800 mètres d'épaisseur déposait sa *moraine* terminale à 15 kilomètres de Tarbes. Triturant le sol à leur base, transportant à leur sommet des quartiers de roc sans en adoucir les arêtes vives, ces pesantes masses de glace glissent avec lenteur du haut des montagnes, où elles se forment, dans la plaine où la chaleur du climat les réduit en eau. Elles attaquent la roche et charrient le déblai, reproduisant sur une immense échelle l'œuvre des terrassiers; elles sont à la fois la pioche et le véhicule. Suivant l'expression fort exacte de M. Cézanne, « incessamment aidée dans leur tâche par l'action atmosphérique, leur force vive est inépuisable, car le soleil, comme une pompe gigantesque qui jamais ne s'arrête, aspire l'eau des mers et la précipite sur les montagnes. »

L'œuvre d'érosion et de nivellement que les glaciers ont accomplie jadis avec tant de vigueur, et qu'ils continuent sous nos yeux avec une énergie plus restreinte, les fleuves, les rivières, les torrents et les moindres ruisseaux l'accomplissent aussi, plus lentement, il est vrai, partout où les eaux courent chargées de cailloux, de sable ou de boue. Les eaux qui ruissellent à la surface du sol après une pluie abondante entraînent tant soit peu de limon ; réunies dans un pli de terrain, elles roulent des graviers ; accumulées dans un ravin étroit et rapide, elles déplacent des blocs énormes, elles rongent les berges, qui leur donnent, en s'écroulant, un nouvel aliment ; puis toutes ces matières se déposent à mesure que la vitesse du liquide diminue, soit que le lit s'élargisse ou que la pente devienne moins raide. Il s'opère une sorte de triage entre les matériaux charriés. Les plus gros s'arrêtent les premiers, le gravier se dépose ensuite quand le torrent a pris les allures tranquilles d'une rivière ; le sable, que son extrême ténuité maintient plus longtemps en suspens, descend jusqu'à la mer.

De ce mouvement perpétuel des matières solides

de l'amont vers l'aval résultent trois conséquences fâcheuses : la montagne est incessamment rongée par les ruisseaux qu'elle alimente ; le lit des rivières, encombré de sables et de graviers, ne peut plus contenir les eaux, qui débordent en temps de crue pardessus les berges ; les embouchures des fleuves s'obstruent par des bancs que le mouvement des flots déplace chaque jour.

Il y a parfois cependant quelques avantages à mettre en regard de ces graves inconvénients : les eaux troubles, que l'on peut employer en irrigations, déposent sur le sol un limon fertile ; mais tout le profit que l'industrie humaine a su tirer en certaines contrées de cette opération, connue sous le nom de colmatage, ne saurait balancer les désastres que causent l'érosion des torrents dans les Alpes, les inondations dans le bassin de la Loire et les bancs de sable mobiles à l'embouchure de la Seine ou de la Garonne.

Notre globe a traversé, dans les temps antéhistoriques, mais non pas avant l'apparition de l'homme, une ère glaciaire dont les effets gigantesques se révèlent çà et là par des amas de pierres, et dont les glaciers actuels reproduisent en petit les terribles phénomènes. Il est en proie aujourd'hui à l'ère torrentielle. Celle-ci sans doute n'a plus toute son activité primitive, car le développement de la végétation et le changement du climat l'atténuent de jour en jour. On voit des rivières couler inoffensives au fond de vallées que les eaux affouillèrent autrefois à plus de

100 mètres au-dessous du niveau du sol primitif. Cependant les torrents causent encore d'affreux ravages en certaines contrées. On ne s'en préoccupe guère que lorsque le désastre atteint un pays riche et fertile, par exemple, quand le Rhône ou la Loire débordent, et l'on ne fait pas attention aux dommages plus fréquents qu'éprouvent les pays de montagnes. D'après ce qui précède, il est clair que l'érosion des montagnes par les torrents est en quelque sorte l'origine des dégâts que produisent les inondations dans les plaines et les atterrissements sur le littoral. C'est donc là qu'il faut de préférence étudier le phénomène et en chercher le remède.

Il n'est pas nécessaire pour cela d'aller loin. Nos départements de la frontière sud-est, celui des Hautes-Alpes en particulier, sont un exemple lamentable de ce que produisent les torrents.

Les rivières qui coulent des Alpes françaises vers le Rhône, la Durance, le Drac, la Romanche, ont un cours rapide et torrentueux ; elles charrient des sables et de la boue, elles s'enflent beaucoup dans la saison des orages et des fontes de neige, elles diminuent de volume le reste de l'année. Toutefois ce ne sont pas ces cours d'eau que les gens du pays appellent des torrents ; ils réservent ce nom à de courts affluents qui prennent naissance dans les replis des montagnes, s'enfoncent entre des talus abrupts et débouchent dans la vallée principale après un parcours de quelques kilomètres, en s'étalant sur un lit démesurément large et bombé.

Le torrent se divise ainsi en trois parties distinctes : un bassin de réception, un canal d'écoulement et un cône de déjection.

Le bassin de réception a la forme d'un vaste entonnoir dont les flancs, ravinés par les eaux, s'éboulent à chaque pluie d'orage. Lorsqu'il est situé dans les parties hautes des montagnes, la neige que l'hiver y avait amoncelée s'affaisse en peu de jours aux premières chaleurs du printemps, et la masse liquide qu'accumule au fond de l'entonnoir une infinité de petits courants produit une crue non moins subite qu'excessive. La terre, les cailloux, même des fragments de rocher, sont entraînés par les eaux, si bien que la capacité du bassin s'agrandit à chaque crue. En été, toute grosse pluie d'orage est suivie du même effet. L'eau ruisselle rapidement sur les flancs dépouillés et ameublis, que ne protége nul arbuste, nulle racine. La montagne est rongée jusqu'à ce que le roc vif soit mis à nu. Ce qui caractérise spécialement le bassin de réception est que le torrent y affouille sans cesse.

Le canal d'écoulement est une gorge étroite, profondément encaissée entre deux berges abruptes qui, minées par le courant, s'éboulent de temps en temps, et fournissent au torrent une grande masse de ses alluvions et les plus gros des blocs qu'il charrie. A part ces éboulements, le courant n'y affouille pas ; il n'y dépose rien non plus, car la pente du lit est toujours assez forte ; mais, lorsqu'au sortir de cette gorge les eaux débouchent dans la vallée, elles se répandent sur une large surface, y perdent par conséquent leur vitesse et abandonnent les matériaux qu'elles n'ont plus la force d'entraîner, les plus gros d'abord, les moindres un peu plus loin.

C'est ainsi que se forme le cône de déjection, montagne artificielle ronde et bombée, masse de blocs et de cailloux qui s'accole à la montagne véritable et s'étale aux dépens de la vallée. Le ruisseau, quand il est calme, coule habituellement sur l'arête culminante de ce cône, au sommet du dos d'âne, dans un lit qu'il s'est creusé. Au moment des crues il sort de ce lit instable et se promène sur l'un ou l'autre bord de ses déjections. On dit alors qu'il divague, et partout où il passe il laisse de nouveaux débris, jusqu'à ce que, descendu au plus bas de la pente, il déverse dans la rivière dont il est l'affluent ses eaux encore chargées de sable ou tout au moins de limon.

Ainsi le torrent est nuisible à la vallée de même qu'à la montagne. Si d'une part il affouille, de l'autre il dépose. Or la montagne n'est pas un terrain sans valeur. Dans le département des Hautes-Alpes, où le sol est maigre et la population pauvre, beaucoup d'habitants s'adonnent à la vie pastorale. C'est dans la montagne que sont situés les pâturages dont vivent non-seulement les troupeaux du pays, mais encore ceux des plaines basses de la Provence que la sécheresse chasse en été de leurs domaines. Outre que le bassin de réception, en s'agrandissant de plus en plus, diminue la surface gazonnée, tout le terrain environnant s'ébranle par contre-coup. Le long des deux rives du torrent courent de larges fentes parallèles au lit. Ce sont des quartiers qui glissent et s'effrondrent par le dessous en attendant que les eaux les aient rongés par lambeaux. Des chalets, des villages entiers sont menacés d'être engloutis de cette manière. Chaque année, le torrent gagne du terrain, et quelques cabanes sont abandonnées. On montre aujourd'hui sur les bords du Rabioux, suspendues au milieu des berges, les ruines d'un monastère habité par les bénédictins au XIIIe siècle. Si loin que les habitations se trouvent des rives d'un torrent, l'ébranlement s'étend si vite que l'on ne peut jamais se croire à l'abri de ces affaissements.

Dans la vallée où se dégorgent les eaux, le dommage n'est pas moins redoutable, quoique d'une autre nature. C'est là que sont les champs cultivés, les villages les plus riches ; c'est aussi là que passent les grandes routes. Le cône, qui s'exhausse et s'accroît sans cesse, ne s'arrête devant aucune digue ; il ensevelit les héritages sous un monceau de pierres. On cite de ces montagnes artificielles qui ont 70 mètres d'élévation à leur sommet et plusieurs kilomètres de circonférence à leur base. Parfois la surface colmatée par un limon fertile est devenue susceptible de culture. Les paysans s'y établissent avec insouciance, défrichent le sol, bâtissent des maisons jusqu'au jour où quelque écart des eaux emportera le fruit de leur travail.

Quant aux routes, elles traversent le plus souvent à gué le lit du torrent. On a bien construit quelques ponts ; mais tantôt le lit s'exhausse et enterre la maçonnerie, tantôt les culées s'écroulent parce que le sol s'affouille à leur pied, tantôt encore le lit se déplace et le courant se dirige vers un autre point de la route, ou bien une crue extraordinaire balaie toute la construction. Aussi se contente-t-on le plus souvent de débarrasser la chaussée, après chaque débâcle, des alluvions et des gros blocs dont elle est recouverte. Pendant l'hiver, lorsque la neige revêt les montagnes et les vallées d'un manteau uniforme, l'œil ne reconnaît plus aucun vestige du chemin sur le cône, où il n'y a ni arbres ni maisons ; les voituriers s'égarent et tombent dans les trous. Sur la montagne, les chemins vicinaux sont établis quelquefois dans le lit même du torrent, que des berges vives surplombent à pic de droite et de gauche. Que deviendrait le voyageur surpris par un orage au milieu de ces défilés ? S'il reste au fond du lit, les eaux vont l'engloutir ; s'il essaie de gravir les pentes, le sol s'écroule sous ses pieds. Il est de ces routes où les gens du pays n'ont garde de s'aventurer quand ils prévoient le mauvais temps. Tel est l'état des voies de communication dans un département de la France, à 50 lieues à peine de Lyon et de Marseille.

Les torrents n'exercent pas leurs ravages dans le seul département des Hautes-Alpes ; les départements voisins de l'Isère, de la Drôme et des Basses-Alpes, en éprouvent aussi les effets malfaisants. Depuis que l'attention s'est portée sur ce sujet, les géologues ont reconnu l'œuvre des torrents en tout pays de montagnes, dans les Pyrénées, les Cévennes, en Savoie, en Piémont, en Suisse. Il n'est pour ainsi dire pas une ondulation du sol où l'on ne discerne dans une crevasse les deux caractères distinctifs qui ont été décrits plus haut : l'érosion des terrains en pente rapide, et le dépôt d'un cône de déjection lorsque les eaux torrentueuses arrivent sur une surface plus large et moins inclinée.

Le même phénomène s'est produit jadis, on n'en peut douter, avec une gigantesque énergie dans les temps où notre hémisphère, sortant de l'époque glaciaire, était sillonné par des cours d'eau impétueux. M. Cézanne a signalé d'immenses cônes de déjection au pied des Pyrénées, au débouché de l'Adour, du Gave et de la Garonne, puis dans la vallée de l'Isère, depuis Voiron, qui en est le sommet, jusqu'à Pont-de-Beauvoisin, Vienne et Voreppe, qui sont à la base. Dans ce dernier cas, il est vrai, le cône a été tellement raviné par les rivières en des temps plus récents que la forme en est maintenant indécise. Suivant le même auteur, le plateau des Dombes, couvert aujourd'hui par des étangs auxquels il doit sur la carte l'aspect d'une plaine parfaitement plate, n'est autre chose qu'un cône à pente presque insensible, dont la création remonte aux plus beaux temps de l'ère torrentielle ; mais en aucune des contrées du globe qui nous sont bien connues l'observateur ne voit de nos jours les torrents produire d'aussi grands dégâts que dans les Alpes du Dauphiné et dans le canton suisse du Tessin. Pourquoi le phénomène persiste-t-il à se montrer là dans toute son intensité, bien qu'il s'efface ailleurs dans des conditions en apparence favorables?

Il faut en chercher la cause dans le climat et dans la nature géologique du terrain. La vallée de la Durance, — celle du Tessin a même orientation, — est ouverte vers le midi et protégée vers le nord par de hautes montagnes. Elle participe donc du climat sec de la Provence, qui n'est guère favorable à la végétation; partant les terrains escarpés restent nus, ce qui les expose d'autant plus au ravinement des eaux courantes. De plus, les vents qui soufflent de la mer déposent en remontant les pentes l'humidité dont ils sont saturés. Il en résulte des pluies rares, mais intenses. Il y tombe, année moyenne, plus d'eau qu'à Paris; seulement, au lieu de se répartir en un grand nombre de jours de pluie, c'est l'affaire de quelques heures d'orage. On cite des années où il n'y eut que dix-sept jours de pluie ou de neige. On n'y connaît ni les brumes ni les brouillards qui assombrissent les pays du nord; le ciel est d'habitude pur et serein, l'air est limpide; en revanche, les nuages s'entassent par instants de tous les points de l'horizon et fondent à l'improviste en prodigieuses averses.

Quant à la nature du terrain, les vallées des Hautes-Alpes présentent l'aspect d'un sol disloqué dans tous les sens. Est-ce parce que ces montagnes sont l'ouvrage d'un soulèvement récent dont l'âge n'a pas encore consolidé les débris? Les roches les plus compactes sont brisées, fendillées : par conséquent, elles résistent mal au frottement des eaux courantes. Le gneiss et le granite, qui seuls sont insensibles aux influences atmosphériques, n'apparaissent qu'au sommet. Dans la région moyenne, ce sont des schistes et des calcaires broyés par l'air et le soleil. Ailleurs c'est du gypse qui se dissout presque dans l'eau. Ces terrains n'offrent aucune résistance au fléau qui les bouleverse.

Et pourtant il semble démontré que le versant français des Alpes n'a pas toujours eu l'aspect désolé qu'on lui voit aujourd'hui. S'il est certains torrents dont l'antiquité n'est pas contestable, d'autres au contraire ne sont devenus actifs qu'à une époque moderne, quelques-uns même n'ont manifesté leur puissance destructive que depuis un petit nombre d'années. Le sol tendre et mobile des montagnes est par cela même, en dépit de la sécheresse, propre à la culture forestière; les arbres, dont les racines entre-croisées arrêtent la descente des eaux pluviales, font obstacle aux crues subites des ruisseaux. En remontant les petits affluents de la Durance, on aperçoit quelquefois d'anciens torrents devenus inoffensifs. Le bassin de réception, recouvert d'une épaisse forêt, ne donne plus naissance qu'à un ruisseau limpide ; le cône de déjection, que la montagne a cessé d'exhausser à ses dépens, s'est garni de plantations vigoureuses qui en dissimulent le modelé primitif. C'est, pour employer l'expression usitée, un torrent *éteint;* la végétation l'a désarmé. Que si par malheur il prend fantaisie aux habitants du voisinage d'exploiter cette forêt qui les protège, aussitôt les eaux reprennent leur vertu destructive ; elles ravinent de nouveau les pentes, rongent les berges et rejettent au milieu des cultures du cône les débris qu'elles ont arrachés dans le haut de leur lit.

Il est incontestable aussi que les versants des Alpes françaises ont connu des alternances de végétation arborescente et de défrichement par lesquelles s'explique que tel vallon soit boisé maintenant après avoir été déchiré par les eaux sauvages, tandis que tel autre est devenu la proie des torrents après avoir été protégé des siècles durant.

Au sortir de l'ère glaciaire, c'est-à-dire lorsque les immenses glaciers des temps antéhistoriques reculèrent jusqu'à leurs limites actuelles par suite du réchauffement graduel de notre hémisphère, les pentes apparurent tout à coup au soleil nues et friables. Un froid prolongé les avait totalement dégarnies d'arbustes : les eaux y exercèrent leurs ravages, mais le reboisement spontané ne se fit pas attendre. Sur toute surface qu'éclairait le soleil et qu'arrosait la pluie, la force végétative fit merveille. Les plantes herbacées d'abord, puis les arbustes, puis les grands arbres retinrent le sol croulant des montagnes. Les torrents les moins funestes, les plus nombreux, ceux que ne favorisaient pas le voisinage des glaciers ou l'extrême déliquescence du terrain, s'endormirent d'eux-mêmes. Les Alpes étaient alors inhabitées.

Un peu plus tard survinrent les peuplades humaines, qui s'étaient contentées de vivre dans les plaines tant qu'elles n'avaient pas été trop nombreuses. Ces hommes primitifs voulaient des terres à mettre en culture ou des pâturages pour leurs bestiaux. Ils continuèrent dans la montagne l'œuvre de défrichement qu'ils avaient commencée sans inconvénient à de moindres altitudes, et, ce faisant, ils détruisirent l'obstacle que la nature avait élevé contre les eaux malfaisantes. Néanmoins les grands bois ne disparurent alors qu'en partie ; les populations étaient rares, et, dès qu'elles s'organisèrent en société, les chefs revendiquèrent la jouissance ou la propriété des forêts. Il est certain cependant que les Alpes françaises étaient en grande partie déjà dénudées quand l'ordonnance de Colbert sur les eaux et forêts vint interdire les défrichements. Il y eut à la révolution quelques années de confusion ou de désordre dont les effets furent terribles. Les grands massifs forestiers que la confiscation enlevait à la noblesse et au clergé revinrent, les uns à l'État, qui n'avait guère le temps de les protéger, les autres aux communes, qui s'empressèrent d'abattre les futaies et de livrer le sol aux troupeaux. Pendant une dizaine d'années, l'exploitation eut lieu sans règle ni frein, ce qui est nuisible à toutes les forêts et surtout à celles des pays de montagnes, où dominent les essences résineuses, qui ne se reproduisent pas sans des soins particuliers.

Depuis cette époque jusqu'au moment (1840) où M. Surell décrivait le triste aspect des Hautes-Alpes, si ce n'est les habitants, personne ne parut plus s'inquiéter du dépérissement de ces vallées lointaines. Les communes, sous prétexte qu'elles étaient pauvres et réduites à vivre de leurs troupeaux, obtenaient sans trop de peine la permission de pâturer leurs bêtes à laine dans les forêts; les détritus du sol forestier s'enlevaient chaque année au profit des maigres cultures du voisinage; on tolérait à un degré abusif l'ébranchage des arbres verts pour les besoins de la vie domestique. Aussi la montagne se déboisait-elle rapidement, quoiqu'en même temps le pays s'appauvrît de plus en plus, parce que les habitants n'avaient plus de bois de chauffage et que les pâturages disparaissaient, usés par la dent du mouton ou dévorés par le torrent.

Circonstance étrange, qu'il importe de bien préciser, le mouton, la seule richesse de ce pays, en est aussi le fléau. Le pâturage n'est pas en lui-même une mauvaise chose : en Suisse, où domine la race bovine, la montagne est verte et productive; en France et sur le versant italien, où le mouton est plus abondant, la terre est décharnée et s'épuise. Les qualités propres au bétail de l'une et l'autre espece expliquent la différence des résultats. La vache tond l'herbe sans l'arracher ; avec ses larges pieds elle tasse le sol et ne le coupe pas. Le mouton, au contraire, a le pied incisif, la dent tenace; il ne broute pas, il arrache; il fouille le sol. La chèvre est encore pire. On raconte que Napoléon Ier, demandant un jour à une députation de paysans du Jura ce qu'il pouvait faire pour eux, reçut cette réponse inattendue : « Sire, faites une loi contre les chèvres. » Mais le mouton et surtout la chèvre sont le bétail du pauvre, que l'exiguïté de ses ressources prive d'avoir une vache dans son étable. N'est-il pas bizarre que ces troupeaux doux et modestes, si chers aux poëtes des temps héroïques, soient proscrits aujourd'hui au nom d'une science progressive ? Des savants à l'esprit positif prétendent que la race ovine a ruiné la Grèce et la Sicile; quel effrayant commentaire des idylles de Théocrite et de Virgile !

Les moutons ne font au reste tant de dégâts que parce que le nombre s'en trouve hors de proportion avec les ressources du pays. Outre les troupeaux indigènes, les Alpes françaises nourrissent les troupeaux *transhumans,* qui vivent l'hiver sur les plaines de la Provence et se réfugient sur les hauteurs durant les grandes chaleurs de l'été. Ces bêtes, accoutumées aux prairies maigres et caillouteuses du midi, émigrent par longues bandes de 1,000 à 1,200 têtes. Le trajet est long, sur les routes l'herbe est rare; le mouton prend l'habitude de tondre l'herbe jusqu'à la racine, de fouiller le terrain du museau et des pattes. Arrivé sur les herbages plus riches de la montagne, il continue d'arracher gloutonnement les moindres plantes. Enfin les moutons marchent à la file, on le sait, tous dans le même sentier, piétinant le sol à la même place, ébranlant les pierres et le gravier, qui roulent jusqu'au bas du talus. Cette double migration annuelle, du sud au nord et du nord au sud, convient, il est vrai, à l'animal. Pendant qu'il est sur les hauteurs, il engraisse, il échappe aux maladies; sa laine prend une qualité supérieure.

Qu'y gagnent en échange les habitants de la montagne? Peu de chose en réalité: cinquante centimes par tête de bétail pour la saison. Chaque mouton indigène rapporterait à son propriétaire six ou huit fois plus par la laine et par l'engrais; mais pour acheter des bêtes il faut un capital que n'a pas le paysan des Alpes. Celui-ci vit donc tant bien que mal de la chétive redevance payée par les bergers transhumans, avec la triste condition de voir d'année en année ce faible revenu décroître, parce que la terre se stérilise. M. Surell constatait déjà en 1840 que le nombre des bêtes à laine était réduit de moitié en quinze à vingt ans.

Quelle ressource reste-t-il alors à l'habitant, qui n'a

plus ni bois de chauffage ou de construction parce qu'une exploitation inintelligente a ruiné les forêts, ni pâturages parce que les troupeaux ont rongé l'herbe jusqu'à la racine, ni champs à mettre en culture dans la vallée, le torrent les ayant engloutis sous ses déjections? Il ne peut plus qu'émigrer lui-même, ce qu'il fait, bien qu'il aime son pays natal. De tous côtés, on aperçoit des cabanes désertes ou en ruines. La population diminue; de 1806 à 1846, le département des Hautes-Alpes avait gagné 15,000 habitants; de 1846 à 1866, il en a perdu 11,000. De 1866 à 1876, il en a encore perdu 3,000. Dans toute la France, sans en excepter la Corse, c'est la portion du territoire où l'on compte le moins d'habitants par kilomètre carré.

CHAPITRE II

L'EXTINCTION DES TORRENTS. — LA RÉGÉNÉRATION DES MONTAGNES.

Les principaux traits du sombre tableau des Hautes-Alpes que nous venons de tracer sont empruntés à l'*Étude sur les torrents*, ouvrage devenu classique, dans lequel un jeune ingénieur, alors au début de sa carrière, décrivait avec une singulière vivacité de style et de couleur les maux dont les Alpes françaises étaient affligées. Le livre de M. Surell, plein de science et d'observations, exposait ce que les savants appellent la théorie des torrents; il indiquait ensuite les mesures à prendre pour en arrêter les ravages. L'auteur a eu la bonne fortune de donner, après plus de trente ans, une seconde édition de cette œuvre de jeunesse sans avoir autre chose à en ôter que quelques notes devenues inutiles. Le remède qu'il avait prescrit a été mis à l'épreuve et trouvé bon. L'expérience a confirmé les sagaces prévisions de la théorie.

Et d'abord n'y a-t-il pas lieu de s'étonner que les montagnes bouleversées par les torrents aient été négligées si longtemps? Un savant, M. Héricart de Thury, des préfets de ces malheureux départements, MM. Ladoucette et Dugied, s'étaient efforcés en vain d'attirer l'attention sur les ruines que les eaux entassaient chaque année dans la vallée de la Durance. C'était un pays pauvre, éloigné, néanmoins intéressant aussi bien par les souvenirs de son histoire que par l'honnêteté de sa population. La vallée de la Durance a fourni de tout temps le passage le plus commode de France en Italie; le col du Mont-Genève, auquel elle aboutit, n'est pas désert et inhospitalier, c'est un plateau cultivé, habité. C'est par là que, depuis Annibal jusqu'à Louis XIV, on est entré le plus souvent en Piémont. Il n'est pas une gorge de ces montagnes qui ne soit illustrée par un combat. Vauban y avait fortifié les places importantes de Briançon, Embrun et Mont-Dauphin. Napoléon y avait fait passer une des grandes routes militaires de l'empire, et, quand en 1815 l'armée austro-sarde envahit le Dauphiné, les habitants des forteresses surent tenir l'ennemi à distance. Enfin de nos jours la garde mobile des Hautes-Alpes laissait la sixième partie de son effectif sur les champs de bataille. Voilà bien des titres par lesquels ce malheureux pays se recommande à nous. Par bonheur, l'œuvre de régénération de ces montagnes est enfin commencée. Il nous reste à dire comment on a mis à exécution les plans de M. Surell, et quels résultats sont obtenus déjà.

Jusqu'alors, on n'avait employé que deux moyens de défense contre les torrents : ils consistaient à endiguer le lit sur le cône de déjection, afin de donner aux eaux un cours régulier au lieu de les laisser divaguer au hasard parmi les champs cultives, et à barrer les parties hautes du lit par des fascines ou des murs en pierre pour amortir la rapidité du courant. Les digues étaient surmontées en peu de temps, grâce à l'exhaussement du sol; les barrages étaient culbutés par les fortes crues, et causaient alors de plus redoutables accidents.

Quelques communes de la montagne, effrayées de la ruine progressive de leurs pâturages, s'étaient avisées de les mettre *à la réserve,* c'est-à-dire d'en interdire l'accès aux troupeaux pendant plusieurs années. On y voyait alors l'herbe repousser, les arbustes même reparaître; mais les habitants ne se résignaient qu'avec peine à ce sacrifice momentané de leurs communaux, puisqu'ils y perdaient les avantages de la culture pastorale, la seule que la nature escarpée du terrain leur permît. D'ailleurs ces divers remèdes, digues, barrages, mise en réserve, ne s'appliquaient nulle part avec ensemble, de manière à en obtenir la plus grande efficacité possible; chacun agissait un peu à l'aventure, sans bien comprendre ce qui était le plus avantageux, et avec un dédain trop marqué de l'intérêt du voisin. Au surplus, les travaux de préservation dirigés contre les torrents se portaient de préférence sur la partie inferieure de leur cours, sur le cône de déjection, où les dommages étaient plus sensibles que dans la montagne. Ce fut un des grands mérites de M. Surell de démontrer jusqu'à l'évidence qu'il n'y avait rien à faire que de provisoire dans la vallée où débouche le torrent, et que le remède devait s'attaquer à la racine même du mal, être appliqué au bassin de réception, dans lequel se réunissent par filets imperceptibles les eaux qui plus bas affouillent les berges de leur lit, et plus bas encore roulent des avalanches de blocs et de cailloux.

Éteindre un torrent, pour employer l'ingénieuse expression que M. Surell a fait adopter, ce n'est pas en tarir les sources et en dessécher le lit; c'est simplement mettre obstacle à ce que les eaux entraînent dans leur cours impétueux de la boue, des graviers et des fragments de rocher. Par cela seul que les eaux cessent d'être troubles, il est évident qu'elles cessent aussi d'être nuisibles, puisqu'elles ne rongent plus le sol et qu'elles ne déposent plus de sédiment. Or l'extinction s'obtient par les quatre opérations que voici : 1° tracer dans la montagne autour du bassin de réception une zone de défense dont l'accès est interdit aux troupeaux; 2° boiser cette zone par des plantations appropriées au sol et au climat, ou tout au moins y favoriser la végétation herbacée; 3° planter des arbustes ou des broussailles à racines filamenteuses sur les berges vives, dont l'éboulement est sans cesse à craindre; 4° construire enfin des barrages en pierre ou en fascines en travers de tous les ravins, de façon à entraver le cours de l'eau et l'obliger à déposer les détritus dont elle est chargée.

Ces diverses opérations, simples au fond et même peu coûteuses, devaient rencontrer cependant une vive résistance de la part des plus intéressés, des habitants de la montagne, qui de mémoire d'homme usaient et abusaient de leurs pâturages, et ne se résignaient pas de bonne grâce à en faire le sacrifice. Exclure les troupeaux d'une partie de leurs terrains, c'était en effet leur enlever une partie de leurs revenus; encore moins auraient-ils consenti à faire les frais des autres travaux de défense. Après bien des discussions et des hésitations, il fut démontré que l'initiative locale était impuissante, et que le concours de l'État était nécessaire. Ce fut alors qu'intervint la loi du 28 juillet 1860 sur le reboisement des montagnes.

Il existait déjà, dans l'arsenal des lois antérieures, quantité de mesures exceptionnelles édictées avec l'intention de faire obstacle au déboisement de la propriété forestière; mais, outre que ces mesures restrictives avaient pour but d'empêcher le défrichement plutôt que de favoriser le reboisement des cantons défrichés mal à propos, elles avaient encore l'inconvénient de ne pas faire la distinction qu'il convient entre les forêts des plaines et celles des pays montagneux. Antérieurement à 1860, on ne peut citer qu'une seule grande opération de reboisement entreprise dans un dessein d'utilité publique : c'est la plantation des dunes de Gascogne, par laquelle Brémontier, ancien ingénieur de la généralité de Bordeaux, s'est illustré. En 1845, sur la demande de la plupart des conseils généraux, un projet de loi avait été préparé qui avait pour but de soumettre au régime forestier tous les terrains sur lesquels l'utilité publique commandait de régénérer les bois ou les pâturages. Ce projet trop radical n'avait pas eu de suite. C'eût été sans contredit s'engager dans des dépenses illimitées et porter une grave atteinte aux droits de la propriété privée.

La loi du 28 juillet 1860 eut une bien moindre portée. Elle ne déclare le reboisement obligatoire que sur les terrains en pente et dans le cas seulement où l'état du sol est un danger pour les terrains extérieurs. Encore dans ce cas soumet-elle la déclaration d'utilité publique à des formalités d'enquête et d'informations qui sauvegardent l'intérêt des propriétaires. Elle ne permet d'atteindre en une année que le vingtième du territoire d'une commune, ce qui garantit les habitants des montagnes contre l'expropriation en masse de leurs pâturages. Au surplus, en mettant la plus forte partie des dépenses à la charge de l'état, le législateur limitait de très-près l'intervention de l'administration forestière. On évaluait alors à plus de 1,100,000 hectares la superficie susceptible d'être reboisée; et on affectait à ces travaux une subvention de 10 millions de francs à dépenser en dix ans. Comme on estimait la dépense du reboisement à 180 francs par hectare, il était évident que les opérations ne pouvaient porter en moyenne que sur 6,000 hectares par an. Seulement il était bien entendu que les premiers travaux de reboisement devaient être entrepris dans les cantons victimes des ravages des torrents, où le remède devait être le plus efficace en même temps que le danger du *statu quo* y était le plus grave.

Néanmoins la loi sur le reboisement des montagnes, réduite à ces proportions modestes, fut encore mal accueillie par les populations pastorales qu'elle avait l'intention de sauvegarder. Les montagnards n'apercevaient que le résultat immédiat, la mise en réserve des communaux; ils prétendaient que leurs troupeaux périraient tous en attendant les herbages sous bois qu'on leur promettait dans vingt ans. Habitués aux maigres ressources de la dépaissance et trop pauvres pour s'en passer, ils se voyaient en expectative privés du domaine dont ils avaient toujours joui. Ils avaient en effet quelque raison de s'effrayer, puisqu'on ne leur parlait que de transformer ces pâtures en forêts, et, avec l'exagération à laquelle le paysan qui se voit menacé dans son bien se laisse volontiers aller, ils comparaient les agents forestiers à « des ogres prêts à dévorer les troupeaux et les pâtures ».

Il y avait du bien-fondé dans cette opposition. La plantation des friches était le plus souvent inutile, et, si l'on y eût insisté, la mesure eût profité aux communes situées dans les vallées au détriment de celles dont le territoire était sur les hauteurs. L'administration forestière eut la sagesse de le reconnaître. En 1864, elle provoqua le vote d'une nouvelle loi qui substituait le gazonnement au reboisement dans tous les cas où la végétation arborescente était une précaution superflue. L'érosion du sol par les torrents n'a pas été toujours la conséquence d'un déboisement intempestif; en beaucoup d'endroits, le mal n'a d'autre cause que l'abus de la dépaissance, la destruction des herbages par la dent vorace du mouton et de la chèvre. Dans ce cas, il est inutile de faire venir des arbres ou même des arbustes ; il suffit d'herbages qui raffermissent le terrain, à la condition qu'on ne permette pas aux troupeaux de les tondre jusqu'à la racine. Sur les pentes que les eaux n'ont pas encore entamées, la moindre broussaille, une simple touffe d'herbe, retarde l'écoulement des eaux pluviales; les divise, conserve la fraîcheur du sol au profit de la végétation elle-même, et retient les cailloux prêts à s'ébouler. Le résultat est atteint sans que le paysan soit privé de la vaine pâture, qui est quelquefois son unique gagne-pain.

Ainsi l'œuvre de régénération des montagnes consiste dans le gazonnement des parties encore saines et dans le reboisement des terrains profondément attaqués par le torrent, indépendamment des barrages et autres moyens de défense par lesquels on retarde l'écoulement des eaux. Les forêts constituent de vastes abris qui, dans la région moyenne, protégent les pâturages, et dans le haut préviennent la formation des avalanches. Le paysan reçoit une double satisfaction, puisqu'on remet en bon état les terres de parcours de ses troupeaux, et qu'on lui promet en même temps à courte échéance le bois dont il a besoin pour les usages journaliers de la vie.

A l'aide de ces deux lois fécondes sur le reboisement et le regazonnement des montagnes, l'administration forestière a obtenu en peu de temps de merveilleux résultats. En dix ans, 1860 à 1870, malgré les hésitations et les incertitudes du début, 95,000 hectares de terrains en pente furent régénérés. Le département des Hautes-Alpes, si maltraité jusqu'alors par les eaux sauvages, eut la plus belle part de ces travaux. Avec le temps, les préventions que les paysans montraient d'abord se sont évanouies. La mise en réserve des pâturages, que l'on repoussait dans le principe, même par la violence, est regardée maintenant comme le salut du pays, sauf par un petit nombre de mécontents qu'inspire trop évidemment l'intérêt personnel. Réglementer les pâturages, boiser les ravinements, voilà la préoccupation du pays. Le conseil général des Hautes-Alpes en proclame avec enthousiasme l'utilité. Bien loin de rencontrer encore des résistances, les ingénieurs forestiers se sentent appuyés par l'opinion ; MM. Séguinard et Costa de Bastelica, auxquels la direction de cette œuvre importante a été confiée, reçoivent la sympathique expression de la reconnaissance publique. Peu à peu, dans la montagne, les hideux ravins qui rongeaient les coteaux disparaissent sous la verdure : dans la plaine, les cônes de déjection se couvrent de belles récoltes et de plantations; le lit des torrents est fixé; les routes franchissent les plus mauvais passages sur des ponts que les crues n'enlèvent plus; les ruisseaux qui descendent à la rivière sont limpides au lieu d'être chargés de cailloux et de sédiments. Si cette transformation pouvait être poussée jusqu'à ses dernières limites, la Durance n'amènerait bientôt plus à Marseille que des eaux vives et pures en place de cet épais liquide que les filtres sont impuissants à clarifier. Pourtant tous les torrents ne sont pas susceptibles d'être éteints par ces ingénieux procédés. Il en est qui prennent naissance près des cimes de la montagne, à une telle hauteur que la végétation n'y saurait prospérer. Ceux-là sont incurables; ils continueront leurs ravages jusqu'à ce qu'ils aient entraîné tout le terrain meuble et mis à nu les roches primitives.

Il y a quelques années, surgirent, — on s'en souvient peut-être, — de longues controverses sur le rôle météorologique des forêts. Les uns soutenaient qu'elles attirent la pluie et la grêle, et d'autres qu'elles les éloignent. On discutait beaucoup sur la façon dont les arbres modifient l'évaporation et l'infiltration des eaux pluviales, sur les rapports entre les défrichements et les inondations des grandes rivières. Ces problèmes sont encore bien obscurs, comme tout ce qui se rapporte à la science un peu vaine que l'on appelle la météorologie. Ce qui s'agitait dans ce débat était plus grave qu'une simple question scientifique;

il s'agissait en effet de savoir si les forêts doivent être conservées avec soin ou sacrifiées à des cultures plus productives. Les partisans de la sylviculture s'appuieraient sans doute avec empressement aujourd'hui sur les beaux résultats que le reboisement a donnés dans les Alpes. N'est-ce pas en plantant ces montagnes chauves que l'on y ramène la richesse et la sécurité? Il serait inexact d'en tirer tout de suite des conséquences trop favorables aux forêts. Rien ne prouve après tout que la végétation arborescente influe sur le climat, ce qui serait le point important à établir. Dans les montagnes, les arbres jouent en quelque sorte un rôle mécanique, parce que leur feuillage donne de l'ombre à la terre et que leurs racines retiennent les eaux pluviales, que par suite ils modifient le régime des ruisseaux. A ce point de vue, les forêts des pays de montagne sont d'intérêt public; c'est la sauvegarde des vallées et des plaines situées en aval. On l'a vu, le modeste gazon des pâturages est un protecteur presque aussi efficace que les plus belles futaies. Forêts et herbages contribuent à la bonne répartition des eaux sur de vastes étendues de territoire, et, si l'on a l'imprudence de les laisser dépérir, le dommage s'en fait sentir au loin.

Est-il besoin de cet avertissement pour nous faire voir que toutes les parties du territoire national sont solidaires les unes des autres? On l'a peut-être trop oublié. On s'est laissé persuader insensiblement que les plaines aux belles récoltes, aux cultures intensives, méritent seules d'attirer l'attention, que les départements très-peuplés ont seuls droit aux chemins de fer, aux canaux, que les travaux publics dont le budget de l'État fait les frais doivent être réservés aux régions de la France qui en tirent le plus de profit, et si l'on consent à les distribuer d'une main avare aux contrées moins richement dotées par la nature, il semble que ce soit une aumône qu'on leur accorde. Cet égoïsme est un mauvais calcul ; ce qui précède l'a suffisamment démontré.

Au moyen âge, les régions montagneuses de la France vécurent dans un état de tranquillité relative que des pays en apparence plus prospères pouvaient leur envier. On y était à l'abri des invasions, des conquêtes ; l'âpreté du sol les protégeait contre les bandes armées qui se livraient au brigandage quand la paix leur faisait des loisirs. Les Cévennes et les Alpes ne connurent la guerre qu'aux époques d'intolérance religieuse. Les montagnards étaient en somme paisibles et heureux, car du monde extérieur ils ne voyaient rien qu'ils eussent raison d'envier.

Un peu plus tard, lorsqu'ils se trouvèrent en relations plus intimes avec les habitants de la plaine, ils eurent leurs représentants dans les assemblées du Dauphiné, du Languedoc, de la Guyenne, où l'esprit local était encore puissant et vigoureux. On les connaissait, on leur venait en aide volontiers ; mais, quand toutes les provinces de l'ancienne France se virent découpées en départements de moindre étendue.

et que la solution des moindres questions de clocher eut été transférée à Paris, ces pays pauvres et peu peuplés ne comptèrent plus dans le gouvernement qu'à proportion du faible chiffre d'impôt qu'ils payaient et du petit nombre de députés qu'ils envoyaient aux assemblées délibérantes. On les oublia, comme si la plus maigre portion du territoire pouvait être négligée sans que le reste en souffrît. C'est l'histoire des montagnes, c'est aussi l'histoire des contrées stériles telles que les Landes et la Sologne. Seulement pour celles-ci, que le progrès entourait de tous côtés, la réparation est venue plus tôt. On a compris enfin qu'un département du centre de la France n'est pas laissé à l'abandon sans que les départements environnants en soient aussi victimes. Dans les Alpes, l'œuvre de la régénération n'a fait que commencer avec le reboisement des montagnes ; il y faudrait bien d'autres travaux. Ces régions sévères où l'homme vit près des limites de la terre habitable et lutte contre tous les fléaux, gelée, sécheresse, pluie ou torrent, sont comme un édifice délabré qu'il faut reprendre en sous-œuvre, si l'on ne veut qu'il périsse en entier. La population l'abandonne, la richesse publique s'y amoindrit chaque année. Routes et chemins de fer, institutions de crédits et établissements publics, tout y est à faire comme dans un pays neuf. C'est un pays à reconquérir, non sur l'ennemi, ce qui serait glorieux, mais sur la nature, ce qui est plus glorieux encore.

CHAPITRE III

LE BASSIN DE LA SEINE. — LES SOURCES ET LES AFFLUENTS.

De ces pays montagneux maltraités par la nature et dont on oublie presque l'existence, passons à une contrée qui est au contraire le siége de la plus puissante civilisation.

Enclavé entre les bassins de la Meuse, de la Saône et de la Loire, le bassin de la Seine, très-large vers ses sources et très-étroit vers l'embouchure, mesure environ 400 kilomètres en long de Langres à la mer, à vol d'oiseau, et 250 kilomètres dans sa plus grande dimension transversale de Pithiviers à la frontière de Belgique. La surface en est de 78,650 kilomètres carrés, ce qui forme presque exactement la septième partie de la France.

La chaîne granitique du Morvan, qui le ferme au sud-est, élève ses plus hauts sommets à 900 mètres au-dessus du niveau de la mer; les collines de la Côte-d'Or, du plateau de Langres et des Ardennes, qui dessinent à l'est le faîte de partage, atteignent au plus l'altitude de 600 mètres; sur les autres côtés, il n'est borné que par des relèvements de très-faible élévation. Entre le fleuve et le plateau qu'occupe la forêt d'Orléans, il n'y a qu'une soixantaine de mètres de différence de niveau. Le bassin de la Seine n'a donc pas de frontières naturelles, pour ainsi dire, sauf au sud-est : aussi ses limites ne furent-elles jamais, à aucune époque de notre histoire, des limites d'états ou de provinces. La Champagne et l'Ile-de-France y sont comprises en entier ; la Bourgogne, la Lorraine, la Picardie, la Normandie, sont à cheval sur deux versants.

Toute cette surface est singulièrement plate ; on n'y rencontre pas d'alpes aux flancs déchirés, ni de sommets couverts de neige ; des plateaux ondulés, des vallées larges ou étroites et toujours peu profondes, tel est l'aspect uniforme du pays. Le pittoresque y fait défaut ; par compensation, il n'est guère de contrée au monde où l'on aperçoive moins de landes et de terrains en friche.

Au point de vue géologique, on a comparé le bassin de la Seine avec assez d'exactitude à une vaste cuvette dont Paris occuperait le fond. Sauf la large fissure par laquelle le fleuve s'écoule vers la mer, le sol se relève dans toutes les directions autour de Paris. C'est auprès de Paris aussi qu'apparaissent à ciel ouvert les assises des terrains les plus modernes. Suivons la Seine depuis sa source jusqu'à la Manche. D'abord dans le Morvan tout est granit et porphyre avec une maigre couche de diluvium, le sol est montueux ; dans chaque pli de terrain coule un mince ruisseau qui se précipite de cascade en cascade au fond de vallées sinueuses et resserrées. La roche étant imperméable, tout ce que les pluies versent sur la terre, — et les pluies y sont abondantes, — s'écoule à la surface. Aussi l'humidité se conserve-t-elle même sur les pentes que recouvre une abondante végétation. Cependant c'est un pays pauvre : la culture ne produit que du seigle et du sarrasin, les prairies sont tourbeuses et partant peu productives ; les forêts occupent un tiers de la superficie. La population est essaimée en petits hameaux ; les maisons, entourées de jardins et de haies vives, ont un aspect misérable. Le touriste parcourt cette contrée avec quelque plaisir ; mais l'agriculteur n'y trouve pas son compte. Il n'y a pas là de richesses ; la terre y est ingrate.

Au pied des montagnes du Morvan s'étale un terrain calcaire mélangé de marne et d'argile auquel les géologues donnent le nom de lias. Les plaines basses de l'Auxois et de Corbigny en sont formées, ainsi que le plateau de Langres. Le lias est imperméable, les ruisseaux y sont donc nombreux, mais ils ne coulent que par les temps de pluie et se dessèchent dans la belle saison. Le sol étant friable, il n'y a pas de pentes abruptes, de rochers à pic ; au contraire les vallées s'élargissent, les coteaux s'arrondissent. C'est du reste un terrain fertile, propre à la vigne et aux céréales ; il y existe de bonnes prairies et les forêts y prospèrent, quoique l'étendue en soit très-restreinte, car les bois ont été défrichés depuis un temps immémorial pour faire place à des cultures plus productives.

Au delà du lias se dresse, sur une largeur moyenne

de plus de 100 kilomètres, le massif aride des calcaires oolithiques, comme une chaîne transversale à travers laquelle toutes les rivières de la région se sont tracé un lit profond et encaissé. L'oolithe, — ainsi nommé parce qu'il se compose de petits grains ovoïdes assez semblables à des œufs de poisson, — est un sol spongieux qui absorbe les eaux de pluie et ne présente par conséquent qu'une surface desséchée. De distance en distance y jaillissent cependant au fond des vallons de belles sources alimentées par les suintements qui filtrent à mi-côte sur des bancs glaiseux. Dans les vallées, au bord de l'eau, la végétation est belle ; les habitations s'y entassent comme si la place manquait pour bâtir. Sur les hauteurs, on n'aperçoit que de maigres champs de blé ou d'avoine et des bois rabougris. Le sol recèle toutefois quelques richesses ; les roches dures fournissent de bons matériaux de construction ; aux environs de Châtillon-sur-Seine et dans la Haute-Marne, il existe d'énormes dépôts de minerais de fer. On cultive la vigne avec succès sur les coteaux bien exposés de cette région ; les produits se distinguent par l'abondance plutôt que par la qualité ; quelques crus que les circonstances locales favorisent ont acquis une réputation méritée.

L'oolithe s'arrête sur une ligne circulaire qui va d'Auxerre à Bar-le-Duc, par Bar-sur-Seine et Vassy. Cette ligne marque la fin des terrains jurassiques, qui disparaissent sous la couche des terrains crétacés. Là commence une zone assez étroite, de 20 à 30 kilomètres de large, en forme de demi-cercle autour de Paris, et qui a joué un rôle important, à certains moments, dans l'histoire militaire de notre pays. Aux talus raides, aux sommets rocailleux des dernières couches jurassiques, succèdent tout à coup des collines basses, arrondies, d'une terre molle et argileuse. C'est le terrain crétacé inférieur, composé de grès verts et d'argile *téguline*, ainsi nommée par M. Leymerie parce qu'elle convient à merveille pour la fabrication des tuiles. Les eaux de pluie ruissellent en torrents boueux ou s'amassent dans les dépressions du sol, où elles forment d'innombrables étangs. La végétation forestière s'y développe avec une vigueur exceptionnelle, d'autant plus que les cultivateurs n'aiment pas à défricher ces terres fortes d'un labour pénible.

C'est dans cette région que se trouvent les forêts de l'Argonne, où Dumouriez arrêta l'armée prussienne en 1792. A cette époque, les terrains crétacés inférieurs constituaient autour de la capitale, à 40 lieues de distance, une ligne de défense admirable, car il n'y avait guère de routes à travers les marécages ni de ponts sur les rivières : elle a perdu quelque valeur par suite de l'établissement de nombreuses voies de communication. Néanmoins, en détruisant au moment opportun les chaussées qui la traversent, on en ferait encore un véritable boulevard contre l'invasion.

Après cette zone marécageuse, que M. Belgrand appelle avec assez de raison la Champagne humide, vient la Champagne sèche, le pays de la craie blanche, que l'opinion populaire a flétrie d'un surnom énergique A part quelques vallées au fond desquelles les eaux ont déposé à la longue un limon fertile, rien n'est plus triste et stérile en apparence que cette large surface crayeuse qui s'étend de l'Yonne à l'Oise et qui comprend, dans le bassin de la Seine seulement, une superficie de 14,000 kilomètres carrés. Les sources sont rares; la végétation, d'une belle venue dans le fond des vallées, est chétive sur les plateaux. Cependant ce pays se transforme par la culture en une contrée riche et prospère. L'étendue des terres en friche diminue chaque année, parce que, si pauvre que soit la récolte dans ce sol meuble et léger, le paysan laboure avec si peu de peine qu'il y trouve encore son profit, et, quand toute culture est impossible, des plantations de sapins et de marsaults couvrent la nudité de la terre. La Champagne crayeuse, région plate et découverte, fut toujours en temps de guerre le théâtre de grandes luttes, depuis Attila jusqu'à Napoléon, tandis que la Champagne humide échappait aux dévastations des armées.

Les terrains tertiaires commencent sur une ligne courbe passant par Laon, Reims, Épernay, Provins, et occupent à peu près tout le reste du bassin jusqu'à la mer. On en trouve déjà des traces en amont. Au milieu des plaines nues de la craie s'élèvent çà et là quelques mamelons que couronnent des bois taillis d'une belle venue, contraste singulier sur la teinte blanche uniforme qu'offrent à l'œil les plateaux de la

Champagne. Ces bois poussent dans une argile sablonneuse ou dans un limon rouge mêlé de cailloux. Ce sont les vestiges, encore vivants en quelque sorte, d'un manteau de terrain plus moderne qui recouvrait la craie autrefois et que les torrents des temps antéhistoriques ont entraîné, nous donnant ainsi la mesure des grands phénomènes que le mouvement des eaux accomplît jadis à la surface de notre planète. Non-seulement cette couche tertiaire a disparu presque partout en Champagne, — et rien ne peut nous indiquer quelle en fut l'épaisseur primitive, — mais encore la craie qui lui servait de base a été creusée au-dessous à la profondeur des vallées actuelles. Ainsi, sur le sommet culminant des collines qui bornent à Troyes la vallée de la Seine, on aperçoit dans le lointain un très-petit bois venu sur un lambeau de terrain tertiaire ; or, ce sommet est à 160 mètres plus haut que le présent niveau du fleuve.

Ce seul chiffre fait comprendre quel prodigieux travail d'érosion les eaux ont accompli avant la venue de l'homme sur la terre.

A vrai dire, les terrains tertiaires ne sont pas d'une composition uniforme. Tantôt ce sont des argiles mélangées de sables ; parfois on y trouve le gypse ou pierre à plâtre ; le plus souvent ils recèlent la meulière, pierre bien connue qui fournit des moellons à bâtir et des meules de moulin, ou encore le calcaire grossier, qui se prête par la taille aux plus belles constructions. L'apparence de ces plateaux tertiaires est donc fort variée.

En première ligne se présente le massif de la Brie, vaste parallélogramme, qui, de Reims à Corbeil, sur 4,000 à 5,000 kilomètres carrés, est presque absolument plat. Quoique cette disposition du terrain et la nature imperméable de l'argile qui le constitue fassent obstacle à l'écoulement des eaux, le sol est si fécond que l'industrie humaine l'a assaini depuis longtemps et rendu propre à toute culture. Au sud-est, le Gâtinais offre le même aspect, mais avec une culture moins perfectionnée. La Beauce, plus calcaire, est au contraire un pays sec, de même que les plaines du Valois, du Soissonnais et du Beauvaisis. Vers la limite occidentale du bassin, le pays de Caux, dont le sol argilo-sableux est naturellement drainé par un sous-sol crayeux, réunit les conditions les plus favorables à l'agriculture. A côté, le pays de Bray, dont le sommet est un îlot isolé du terrain jurassique, se distingue par de riches pâturages.

En tout pays, les terrains anciens sont riches en produits métallurgiques, tandis que les terrains de formation plus récente conviennent mieux à l'agriculture. Ces derniers occupent environ moitié du bassin que nous étudions ici, ce qui explique que les laboureurs prospèrent en cette région, que favorise d'ailleurs le voisinage d'une grande capitale. Même les sols ingrats, tels que ceux de la Champagne pouilleuse, ne restent pas improductifs.

Comme nous l'avons dit, toutes les couches géologiques sont légèrement inclinées vers Paris. Cette inclinaison, très-faible en tant qu'il s'agit des bancs crétacés et tertiaires, — elle ne dépasse guère un degré de pente sur l'horizon, — est sans doute un effet lointain des mouvements bien plus accusés qui soulevèrent en montagnes les terrains jurassiques dans l'est de la France.

Ces couches successives sont au reste d'épaisseur assez inégale. La craie aurait, suivant M. Leymerie, 350 mètres de hauteur verticale ; les argiles à meulières de la Brie n'ont guère moins ; l'oolithe serait bien plus puissant. Ces évaluations présentent, on le comprend, beaucoup d'incertitude. Si l'on doit admettre que la craie d'abord, puis les bancs tertiaires ensuite, se sont déposés au fond d'un océan dont les vagues allaient battre les coteaux du Jura, bien des changements, dont il est malaisé de se rendre un compte exact, sont survenus depuis ce temps d'une prodigieuse antiquité. Toutefois un fait singulier s'observe en tous lieux : c'est que, sur le bord oriental de chaque couche, s'est formée une large excavation avec une falaise à pente raide. Ainsi le niveau moyen de la Brie est inférieur à celui de la Champagne crayeuse, et néanmoins on descend de Brie en Champagne par un escarpement très-nettement accusé. Le même phénomène se présente quand on passe de la craie aux argiles tégulines qui lui font suite. Il semblerait que, longtemps avant les cours d'eau de l'époque actuelle, le sol avait été balayé, corrodé, raviné par de gigantesques torrents dont il ne reste plus d'autre souvenir.

Une remarque d'une application très-générale doit trouver place ici. Il est facile de se convaincre que dans les temps passés les eaux ont accompli des travaux de déblaiement prodigieux à la surface de notre planète. Pour nous en tenir au bassin de la Seine, on peut citer certains endroits où des couches de 200 à 300 mètres d'épaisseur ont été enlevées par les torrents. Est-ce l'œuvre de rivières comparables à celles de nos jours qui y auraient travaillé des millions d'années, ou bien les cours d'eau de ces époques antédiluviennes étaient-ils infiniment plus puissants et plus impétueux ? L'une et l'autre hypothèse ont trouvé des défenseurs. En Angleterre, l'école moderne penche volontiers pour la première ; en France, M. Belgrand et les maîtres de la science géologique s'en tiennent de préférence à la seconde. Il importe peu. Le point principal est que l'on se rende bien compte de la grandeur de ces phénomènes sans trop s'arrêter à des explications qui ne sont pas étayées de preuves suffisantes.

Ne remontons pas plus loin dans ce passé nébuleux qu'à l'époque où la France était habitée par le mammouth, le renne et les autres animaux de ce genre aujourd'hui disparus. L'homme vivait alors dans les cavernes et se servait d'outils en silex non polis. Il paraît certain que le bassin de la Seine avait dès lors le même relief que maintenant, sauf que les rivières étaient plus larges et que les alluvions n'avaient pas encore nivelé le fond des vallées. On a découvert en effet dans les graviers anciens et dans les cavernes contemporaines de ces graviers les ossements de ces animaux étranges et les ustensiles grossiers de nos sauvages ancêtres.

Or quelles sont les rivières qui conduisent à la mer les eaux de pluie de ce vaste bassin? Il y en a quatre principales qui se réunissent un peu au-dessous de Paris pour ne plus former qu'un seul fleuve. Ce sont l'Yonne et ses nombreux affluents de la Bourgogne, la Haute-Seine grossie par l'Aube, la Marne et enfin l'Oise et l'Aisne.

On observera sur la carte que l'Yonne, qui est en réalité le plus important de ces cours d'eau, coule presque en ligne droite depuis son origine en haut du Morvan, et que les autres décrivent des courbes dont la concavité est tournée vers le sud, en sorte qu'ils ne se rejoignent qu'après un long parcours, bien que leurs sources soient assez rapprochées. Un autre caractère digne d'attention est que ces cours d'eau coupent tous à angle droit les couches successives de terrains, à travers lesquelles ils se sont à la longue ouvert un passage, tantôt large, tantôt étroit, suivant que le sol est plus ou moins mou. Ceci n'est point sans intérêt, car les crues, les inondations, les niveaux d'étiage, dépendent de la nature des terrains traversés. La variété géologique de notre sol apparaît ici comme un bienfait de la Providence. Un fleuve qui coulerait tout entier dans un bassin de nature argileuse ou granitique aurait des crues subites et formidables après les pluies, et serait à sec le reste de l'année; dans un terrain spongieux, tel que la craie blanche, il ne ressentirait guère l'influence des pluies, mais il débiterait très-peu d'eau en toute saison.

Avant d'étudier avec plus de détails le régime de chacune de ces rivières, il est nécessaire de bien se rendre compte de l'influence que la nature du sol exerce sur les sources, puisque ce sont les sources qui alimentent les grands cours d'eau. M. Belgrand résume les résultats de ses observations en deux axiomes dont il est facile de comprendre la raison, outre que chacun peut en vérifier l'exactitude en quelque pays que ce soit. Lorsqu'un terrain est imperméable, il est sillonné par de nombreux ruisseaux qui sont le plus souvent éphémères. Quand au contraire le terrain est absorbant, les ruisseaux sont rares et ne se trouvent qu'au fond des grandes vallées ; par compensation, ils ne tarissent guère. Examinons comment se comportent sous ce rapport les diverses couches géologiques dont il a été question plus haut.

Le Morvan, contrée granitique où la roche imperméable est recouverte d'une légère couche de détritus, recèle une quantité innombrable de petites sources qui se montrent au jour partout, à flanc de coteau aussi bien que sur le thalweg des vallées. C'est au surplus la région la plus pluvieuse du bassin ; la hauteur annuelle de la pluie varie, suivant l'altitude, de 1 mètre à $1^m,80$. Les filets d'eau, qui bondissent en cascades dans chaque pli de ce terrain accidenté, tarissent rarement même dans la saison sèche. Dans la saison humide, ils se gonflent après chaque averse, deviennent des torrents, et déterminent des crues subites dans les rivières qu'ils alimentent; mais ces crues sont de courte durée.

Dans le lias, qui n'est pas moins imperméable, les ruisseaux ont cependant un régime différent, parce que le sol est moins accidenté. Les eaux courantes ne sont jamais limpides, même en temps de sécheresse, car le terrain friable se laisse ronger sans résistance. Cette riche contrée, quelquefois ravagée par les torrents après les grandes pluies, n'a pas même dans les étés ordinaires assez d'eau pour l'alimentation du bétail. Les sources sont rares et toujours peu abondantes ; toutefois, sur le bord occidental de cette zone, à l'endroit où le sol se relève et où le lias disparaît sous l'oolithe, règne un cordon de belles sources; les villages se rapprochent les uns des autres, les prairies montent jusqu'au pied des rochers, la végétation devient vigoureuse.

Les terrains oolithiques ne sont pas d'une composition uniforme ; les géologues y distinguent sept ou huit couches différentes, les unes calcaires et tout à fait perméables, les autres marneuses et mieux faites pour retenir les eaux pluviales. En général, les sources sont rares et par compensation très-abondantes : l'une des plus connues est la Douix, admirable fontaine qui jaillit du rocher à Châtillon-sur-Seine. Cette région est assez pluvieuse ; il y tombe, année commune, 85 centimètres d'eau. Les plateaux sont arides, et les vallées sont bien arrosées ; les ruisseaux sont limpides, les crues ont peu d'importance.

Le terrain crétacé inférieur, imperméable au plus haut degré, contient un très-grand nombre de sources, et aussi beaucoup d'étangs, car le défaut de pente ne permet pas un rapide écoulement. Les eaux de pluie ruissellent à la surface, troublent les ruisseaux et donnent dans les rivières des crues violentes qui par bonheur n'ont qu'une courte durée. S'il n'y existait des routes bien empierrées, ce pays deviendrait tout à fait impraticable pendant la mauvaise saison. C'est donc, comme nous l'avons dit, une excellente ligne de défense militaire.

La craie blanche reçoit peu de pluie (seulement 59 centimètres année moyenne), et elle absorbe rapidement les eaux pluviales, car elle est remplie de fentes et de fissures. Cependant il est à croire qu'elle devient plus compacte à une grande profondeur, et que les eaux absorbées s'y maintiennent à un niveau variable, plus élevé au printemps qu'à l'automne, qui est l'époque des plus grandes sécheresses. Les plis de terrain qui conservent une altitude supérieure en tout temps à cette nappe souterraine ne contiennent aucune source; elles sont d'une sécheresse absolue; on ne peut s'y procurer de l'eau qu'en creusant des puits dont la profondeur atteint quelquefois 60 mètres, tandis que les vallées principales, creusées au-dessous du niveau permanent des eaux, sont arrosées par des sources abondantes qui tarissent tout au plus dans les étés très-chauds. La Vanne, petite rivière de la Champagne dont la ville de Paris s'est appropriée les plus belles sources, la Vanne appartient au terrain crayeux. Plus au nord, vers Troyes, Châlons-sur-Marne et Reims, se montrent encore quelques jolies rivières issues de la craie, mais le nombre en est très-restreint. Il n'est guère de provinces de la France où l'on puisse faire tant de chemin sans rencontrer de l'eau courante à la surface du sol.

Quant aux terrains tertiaires, ils présentent les apparences les plus diverses suivant leur nature. Lorsqu'ils sont imperméables, comme la Brie et le Gâtinais, ils ont des sources éphémères qui tarissent l'été, et des ruisseaux qui débordent en hiver ; cependant le terrain est si plat qu'un écoulement trop rapide des eaux n'est jamais à craindre. M. Belgrand remarque avec raison que, si le massif de la Brie avait, en conservant son caractère géologique, une altitude comparable à celle du Morvan, il en découlerait après les grandes pluies des torrents impétueux qui ravageraient la vallée de la Basse-Seine. En l'état actuel, les petites rivières qui en sortent sont des cours d'eau tranquilles, bien alimentés en été par des nappes souterraines que retiennent à divers niveaux les couches argileuses du terrain tertiaire. Ces nappes affleurent aussi sur les coteaux des environs de Paris, à Brunoy, Meudon, Montmorency, et partout elles donnent naissance à des sources fraîches et *pérennes*. C'est à ce niveau qu'ont été bâties tant de maisons de campagne entourées de verdure, qui plaisent d'autant plus à l'œil que les plateaux plus élevés sont secs et dénudés. Il est peu de pays au monde qui puissent être comparés sous ce rapport à la banlieue de Paris.

Ne s'expliquera-t-on pas maintenant les allures en apparence capricieuses, au fond bien réglées, des diverses rivières qui parcourent le bassin de la Seine? Voici l'Yonne d'abord. Elle prend sa source dans les montagnes granitiques du Morvan, elle y reçoit trois affluents principaux, la Cure, le Cousin et le Serein, qui se transforment en torrents après les pluies. Le lias en grossit encore le cours, puis elle traverse les terrains oolithiques sans beaucoup modifier son volume, si ce n'est quand elle reçoit l'Armançon, qui sort aussi du lias; elle arrive à Montereau, tantôt presque tarie, tantôt avec des crues formidables. Par bonheur, le Morvan a peu d'étendue, ce qui restreint le volume des eaux qu'il déverse dans la vallée, et en outre il est fort rare que toutes ces rivières grossissent le même jour. La crue de l'Yonne et de ses affluents supérieurs ne coïncide pas d'habitude avec celle de l'Armançon. Si par hasard cela arrive, l'inondation prend un caractère menaçant.

La Seine et l'Aube, qui rejoignent l'Yonne a Montereau, ont un régime bien différent. La Seine est à sa naissance, dans le terrain jurassique, un des plus petits ruisseaux de son bassin. C'est sur le territoire de Saint-Germain-la-Feuille, dans la Côte-d'Or, que se trouve la source regardée bien à tort comme la tête de notre petit fleuve. Les Romains y avaient érigé des constructions considérables, dont on a déterré les débris. Était-ce un hommage à quelque divinité des eaux? La ville de Paris a relevé en partie ces ruines et a fait renfermer la source dans un bassin entouré de statues, quoique en réalité il n'y ait là qu'une des plus modestes origines de ce grand cours d'eau. Il existe 25 ruisseaux qui, sortis de terre dans une zone assez étroite et convergeant tous vers le lit de la Seine, pourraient avec des titres presque égaux se disputer le même honneur.

Puis notre fleuve traverse l'oolithe; il atteint les argiles tégulines où deux petits affluents à crues torrentielles, l'Hozain et la Barse, lui versent leur tribut; il coupe la craie sur un long parcours, reçoit l'Aube, qui s'alimente en des terrains de même nature; il arrive enfin au confluent de Montereau. Sauf la bande étroite des terrains crétacés inférieurs, il ne sert d'émissaire qu'à des sols perméables. Ses crues sont lentes et modérées; elles se soutiennent pendant plusieurs jours. Quand elles arrivent à Montereau, à la suite d'une période pluvieuse de courte durée, celles de l'Yonne, plus fougueuses, qui sont d'habitude de quatre jours en avance, ont eu déjà le temps de s'écouler.

En aval de Montereau, jusqu'à Charenton, il n'y a plus d'affluents à noter que le Loing, l'Essonne et l'Yères, envoyés par le Gâtinais et la Brie. On le sait, ceux-ci ne sont pas à craindre ; ils fournissent peu d'eau, et leurs crues torrentielles arrivent toujours bien avant celles que fournit le haut du fleuve. Quant à la Marne, qui apporte à la Seine un énorme volume d'eau, son régime est mixte en quelque sorte entre le régime de l'Yonne et celui de la Seine. Elle sort des vallées liasiques du plateau de Langres et traverse ensuite de vastes étendues de terrains perméables ; le terrain crétacé inférieur, qui lui amène d'abondants affluents, contribue à lui donner une allure quelque peu torrentielle. Ce terrain lui apporte d'ailleurs des masses d'eaux troubles d'où vient cet aspect limoneux que chacun lui connaît.

A partir du confluent de la Marne, les crues du fleuve ont acquis, sinon toute leur amplitude, du moins leur forme définitive, car l'Oise, qui est le dernier affluent de grande importance, est un cours d'eau mixte dont les allures ressemblent tout à fait à celles de la Seine à Paris. Il y a bien encore en aval plusieurs petites rivières, l'Epte, l'Andelle, l'Eure ; elles se développent sur de faibles parcours, elles traversent presque uniquement des terrains perméables. Il est permis de n'en pas tenir compte.

Puisque c'est à Paris que les crues de la Seine

prennent un caractère durable, c'est là qu'il convient de les étudier de plus près ; c'est aussi là que, par des motifs faciles à comprendre, il est le plus intéressant de connaître les écarts dont elles sont capables.

La météorologie a révélé une coïncidence malheureuse. Le bassin dont nous nous occupons est soumis aux mêmes influences climatériques dans toute son etendue. Quand il pleut dans le Morvan, il pleut sur tout le cours du fleuve jusqu'à la mer, depuis les Ardennes jusqu'à la forêt d'Orléans[1]. Par conséquent le niveau de tous les cours d'eau, petits ou grands, s'élève et s'abaisse en même temps. Ce n'est pas une loi générale à tous les bassins. Dans celui du Rhône, par exemple, dont la surface est, il est vrai, de forme plus irrégulière, il arrive souvent que le temps est beau en certains points, tandis que la pluie tombe ailleurs. Une autre loi non moins remarquable est celle-ci : dans le bassin de la Seine, les crues sont produites par les pluies de la saison d'hiver. Les pluies tombées du 15 mai au 15 novembre ne profitent pour ainsi dire point aux ruisseaux : la terre, desséchée par le soleil, les absorbe : aussi n'y a-t-il pas d'exemple d'inondation en été. La plus grande crue de la saison chaude depuis deux cents ans, celle de septembre 1866, est restée bien au-dessous du niveau où le fleuve devient dangereux.

[1] Ceci n'est pas exact pour les pluies d'orage, qui sont souvent localisées. On verra plus loin qu'elles n'ont d'ailleurs aucune influence sur les crues.

Enfin ceci doit encore être pris en considération : c'est que deux ou trois jours de pluie sans interruption ne suffisent pas pour que le fleuve déborde dans la partie inférieure de son cours. C'est que les crues des affluents arrivent dans la Seine en temps successifs : d'abord le flot éphémère de l'Yonne, dont le régime est torrentiel, puis quatre jours après le flot mieux soutenu de la Seine supérieure, dont l'allure est plus tranquille ; mais, si une seconde crue de l'Yonne survient dans ce délai de quatre jours, elle s'ajoute aux précédentes et en accroît l'amplitude. La crue devient alors extraordinaire, et peut causer des malheurs.

Ce n'est pas tout de connaître les causes des inondations ; à défaut d'un moyen de les empêcher, il faut au moins être capable de les prévoir assez à l'avance pour que les gens qui vivent sur l'eau ou près de l'eau aient le temps de se mettre à l'abri. Voici par quel procédé très-simple M. Belgrand y est arrivé avec une exactitude suffisante. On sait par expérience que les eaux torrentielles du Morvan et de la Bourgogne passent sous les ponts de Paris au bout de trois jours et demi en moyenne, et que la crue à Paris est double de ce qu'elle est au pied des montagnes. Cette règle, qui n'a du reste rien d'absolu, donne une approximation suffisante dans la pratique. Cela étant, des observateurs postés à Clamecy sur l'Yonne, à Avallon sur le Cousin, à Aisy sur l'Armançon, à Chaumont et Saint-Dizier sur la Marne, à Vraincourt sur l'Aire et à Sainte-

Menehould sur l'Aisne, télégraphient chaque jour le niveau du cours d'eau qu'ils surveillent. Ce n'est plus qu'une question de chiffres de connaître quel jour le flot arrivera sous les ponts de Paris, et quelle en sera l'amplitude. Il est digne de remarque que les rivières de la Brie et du Gâtinais n'entrent pas en compte dans ce calcul, non plus que la Haute-Seine, l'Aube et leurs nombreux affluents.

Depuis des siècles, le niveau du sol de Paris s'exhausse sans cesse, la rivière se borde de quais, les ponts se reconstruisent avec des arches d'une plus large ouverture, toutes conditions qui atténuent les inconvénients des grandes crues de la Seine. Au surplus, ces phénomènes redoutables sont très-rares. Autant que les observations indécises du temps passé permettent de s'en rendre compte, il n'est arrivé que neuf fois depuis 1649 que la Seine ait atteint ou dépassé une hauteur de 7 mètres à l'échelle du pont de la Tournelle, hauteur à laquelle les quartiers bas de la capitale commencent à être inondés. La crue du 27 février 1658, la plus haute dont on ait conservé le souvenir, couvrirait encore 1,200 hectares du Paris actuel, si elle se reproduisait. Il y aurait de 2 à 3 mètres d'eau dans les rues basses d'Auteuil et de Bercy ; le faubourg Saint-Honoré, le quartier de la Madeleine, les Tuileries, les rues de Lille et de Verneuil, le Jardin des Plantes, la rue Saint-Antoine, même la rue Saint-Lazare, seraient inondés.

Que faut-il pour qu'une telle catastrophe survienne?

Des pluies non pas continues, mais répétées à de certains intervalles dans le bassin de la Seine, en sorte que les crues partielles des affluents, au lieu de se suivre, comme c'est l'habitude, se superposent et arrivent en même temps sous Paris. Cette perspective, quelque faible qu'en soit la chance, n'a rien que d'effrayant. La science des ingénieurs modernes n'a-t-elle pas de remède contre ce fléau ? Hélas ! l'homme est si faible en présence des grands phénomènes de la nature qu'il lui est impossible d'en arrêter le cours.

La vraie source du mal est dans le Morvan, dont les eaux pluviales s'écoulent vers la mer avec trop de rapidité. Ne pourrait-on, s'est-on dit, les emmagasiner au moment des grandes pluies pour les rendre au fleuve aux époques de sécheresse ? Quelques chiffres feront comprendre combien cette entreprise serait considérable. Pendant la crue de 1740, la Seine s'élevant à une hauteur de 7m,90 au pont de la Tournelle, il est passé en trente jours 3 milliards 800 millions de mètres cubes d'eau sous les ponts de Paris. On a calculé que le niveau aurait été abaissé de 1m, 30, s'il avait été possible d'emmagasiner 216 millions de mètres cubes pendant les quelques jours qui précédèrent le maximum de la crue ; mais où placer ces réservoirs gigantesques, qui, avec une hauteur d'eau de 4 mètres, n'auraient pas oins de 54 kilomètres carrés de superficie ? Et quelles dispositions prendre pour qu'ils soient vides juste à l'instant où l'on éprouverait le besoin d'y précipiter l'excédant des crues ? Ce n'est pas contre des phénomènes séculaires, s'est-on dit, que l'on prend de ces précautions onéreuses. Mieux vaut s'arranger de telle sorte que les débordements du fleuve soient inoffensifs. Il faut en préserver les grands centres de population et leur abandonner les campagnes, où le dommage ne se transforme jamais en désastre. C'est ce que l'on a fait d'une façon inconsciente en surélevant peu à peu le niveau de Paris.

M. Belgrand propose de compléter les mesures déjà prises par un travail qui ne présente aucune difficulté : c'est de prolonger les quais, tant en amont qu'en aval, jusqu'aux fortifications, et de les élever à une hauteur telle que les plus fortes crues ne puissent passer par-dessus. Le niveau de la Seine dominerait alors le sol habité sans que personne en eût à souffrir, les infiltrations inévitables s'en allant par les égouts prolongés jusqu'à une distance suffisante en aval des fortifications ; ce sont là de ces remèdes auxquels on ne se décide à recourir qu'après l'événement qui en a fait sentir la nécessité.

De même qu'elle a des crues exorbitantes, la Seine éprouve aussi des moments de sécheresse. Quand elle est en basses eaux, ce qui est fréquent, Paris s'en aperçoit à peine, mais les mariniers en souffrent et les cultivateurs du bassin tout entier s'en ressentent. L'année 1791 fut marquée, paraît-il, par une de ces pénuries extraordinaires, et les ingénieurs municipaux en profitèrent pour placer au pont de la Tournelle l'échelle qui sert encore à repérer les hauteurs du fleuve. Néanmoins il arrive fréquemment, surtout depuis le commencement du XIXe siècle, que le niveau de l'eau descende au-dessous du zéro fictif de cette échelle[1]. Le fait s'est produit neuf fois de 1800 à 1830, trois fois de 1830 à 1856, puis chaque été, sauf en 1860, pendant les neuf années suivantes.

Il semblerait donc que nous avons traversé une période de sécheresse extrême. Il n'est pourtant pas tombé moins de pluie pendant ces années où l'eau manquait dans la Seine. Est-ce que le sol est devenu moins perméable, moins susceptible d'absorber les eaux pluviales et de les tenir en réserve? Ou bien ce phénomène est-il dû simplement à une mauvaise répartition des pluies entre les mois d'été et les mois d'hiver, ces derniers contribuant seuls, comme nous savons, à l'alimentation des sources? La question est indécise, quoique M. Belgrand penche en faveur de cette dernière explication.

Nous avons dit quelles sources alimentent le bassin de la Seine, quelle influence la nature du sol exerce sur le cours des eaux, comment varie le régime des

1. Il existe au pont Royal une autre échelle dont le zéro est plus bas de 37 centimètres que celui du pont de la Tournelle et qui sert de repère unique depuis que le barrage éclusé de la Monnaie a été construit : ce barrage a eu pour effet de relever en amont le niveau des eaux; il empêche que les observations du temps passé soient comparables à celles de nos jours.

ruisseaux et des rivières. Il s'agit de voir maintenant quel usage l'homme en fait et surtout quel usage il en ferait, s'il savait tirer le meilleur profit des forces vives que lui prodigue la nature.

CHAPITRE IV

LE BASSIN DE LA SEINE. — L'USAGE DES EAUX COURANTES.

Il y a 7 millions d'habitants dans le bassin de la Seine; leur santé dépend de la bonne ou mauvaise qualité des eaux employées à la boisson et aux usages domestiques. De plus, l'eau courante est une force motrice qui coûte peu de chose en frais d'établissement et moins encore d'entretien. Enfin l'arrosage influe presque autant que les qualités intrinsèques du terrain sur la culture, sur les productions du sol. Voilà trois aspects sous lesquels il convient de considérer les eaux des sources, des rivières et du fleuve lui-même.

Ce qui a été dit dans le chapitre précédent sur les propriétés absorbantes de chaque couche géologique peut faire prévoir si les sources y sont rares ou nombreuses, faibles ou abondantes. Les terrains imperméables, tels que le granit du Morvan, le lias de l'Auxois, les argiles de la Champagne, les marnes de la Brie et du Gâtinais, se ressemblent assez sous ce rapport, sau les différences dues à des circonstances particulières. Les ravins du Morvan conservent en toute saison de petits filets d'eau qui suffisent à une population clairsemée ; les villes même petites sont mal approvisionnées. Dans le pays plat de l'Auxois, les rivières tarissent, les puits sont mauvais ; les moindres hameaux éprouvent une disette d'eau chaque été. Les habitants de la Brie, à défaut d'eaux courantes, en trouvent à une petite profondeur au-dessous du sol ; ailleurs, ils conservent les eaux pluviales dans des citernes, ou plus économiquement dans des mares que la nature argileuse du sol permet de rendre étanches à bon marché. La Champagne crayeuse et les terrains jurassiques nous présentent des plateaux arides où l'on voit à peine çà et là quelque habitation isolée[1] ; les villes sont bâties au bord des rivières et dans les vallées principales, car les vallées secondaires, aussi bien que les plateaux, sont à sec. Les terres élevées perdent donc beaucoup de leur valeur ; les lieux habités en sont trop distants.

Cependant, quand ce sont des plaines fertiles, comme la Beauce, le Soissonnais, les cultivateurs s'y établissent et suppléent tant bien que mal aux eaux courantes par des puits profonds ou par des citernes. Tout cela se peint sur une carte détaillée, sur celle de l'état-major, par exemple. Il est facile d'y reconnaître, d'après la disposition des villages, si la contrée est bien ou mal arrosée. Ici de vastes espaces sont dépourvus d'habitations, et les maisons s'alignent le

1. M. Belgrand fait observer que ces habitations, construites à distance des sources, portent des noms caractéristiques : elles s'appellent souvent *la Belle idée*, *la Folie*, etc.

long des cours d'eau; ailleurs, les hameaux sont essaimés sur toute la surface du pays.

Il y aurait bien un remède à cette fâcheuse disposition de la nature : ce serait d'amener de loin les eaux de sources par des aqueducs ou d'élever les eaux de rivières et de les distribuer par des canaux sur les parties du territoire qui en sont privées; mais la dépense d'une telle irrigation serait le plus souvent considérable. Les grandes villes y ont recours quelquefois. La riche banlieue de Paris, qui en retirerait de grands profits, n'a pas encore été dotée de travaux de cette sorte.

L'abondance des sources n'est pas le seul élément à considérer ; la qualité de l'eau qu'elles fournissent n'est pas moins importante. Qu'un ruisseau soit alimenté par un terrain tourbeux, qu'il reçoive les déjections d'une usine, c'en est assez pour qu'il devienne impropre à la boisson ; en outre la nature intrinsèque du sol modifie la qualité des sources. Quelquefois les eaux acquièrent ainsi des propriétés médicinales, ce qui est très-rare dans le bassin de la Seine. En général, elles empruntent aux terrains qu'elles ont à traverser des sels qu'elles conservent en dissolution. Les sources de la couche gypsifère qui s'étend de Meulan à Château-Thierry renferment une telle proportion de sulfate de chaux qu'elles ne conviennent nullement pour les usages domestiques. En dehors de cette région, toutes les sources du bassin, à peu d'exceptions près, sont réputées salubres. Les meilleures sont celles des terrains arénacés, c'est-à-dire du granit, du terrain crétacé inférieur et des sables de Fontainebleau; viennent ensuite celles de la craie blanche, qui ont de plus le mérite d'être abondantes. Voilà pourquoi la ville de Paris a prolongé jusqu'aux vallées de la Champagne les têtes des aqueducs qui l'alimentent.

Sous le rapport industriel, les eaux ont un double usage. Les rivières servent au flottage et à la navigation, en outre elles fournissent, au moyen de barrages, d'innombrables moteurs. Les voies navigables ont été bien négligées depuis quelque temps; on verra plus loin quels immenses services la navigation intérieure rendra aux riverains de la Seine quand les travaux indispensables seront exécutés. Comme force motrice, les cours d'eau ne sont guère mieux utilisés. Que l'on calcule, si l'on peut, quelle énergie représentent les crues ! Quel est l'équivalent en chevaux-vapeur de ces masses liquides qui descendent à grande vitesse des montagnes à la mer ? Lorsque l'industrie était encore dans l'enfance, les usines s'établissaient de préférence au bord des cours d'eau. Il n'y avait pas si petit ruisseau qui n'eût son moulin. Dans les villes, les rivières se ramifiaient en plusieurs bras sur chacun desquels se dressaient des roues hydrauliques. Puis est venue l'ère de la houille et de la machine à vapeur. On s'est exagéré les inconvénients des moteurs hydrauliques, qui varient suivant la saison. On s'est dit que l'industriel, avec la vapeur, choisit sa place, à la portée d'un chemin de fer, dans les faubourgs d'une grande ville, tandis que la chute d'eau qui fournirait une force équivalente ne se trouve souvent qu'à la campagne, loin des marchés de production et de vente. Cet engouement pour les moteurs artificiels diminuera sans doute à proportion du prix croissant de la houille. On s'efforcera de mieux aménager les eaux courantes, afin d'en tirer tout ce qu'elles sont capables de donner. Voici l'avant-projet d'une combinaison de ce genre proposée, il y a vingt-cinq ans déjà, au conseil général du département de l'Yonne, et dont les travaux seront sans doute exécutés quelque jour.

Les rivières qui descendent du Morvan ont, après les pluies, des crues torrentielles de courte durée, crues peu dangereuses d'ailleurs, parce que les riverains, qui en ont l'habitude, savent s'en tenir à l'abri. Le reste du temps, le débit est si faible que des usines ne pourraient en profiter. Deux cours d'eau, l'Yonne et la Cure, servent au flottage à bûches perdues, ce qui est un mode de transport simple et économique dans un pays accidenté. Le Cousin et le Serein font marcher quelques petits moulins sans aucune importance. On s'est dit qu'il serait possible de donner à ces rivières un régime plus régulier au moyen de grands réservoirs dans lesquels on emmagasinerait les eaux surabondantes de la saison d'hiver. La terre du Morvan a peu de valeur ; les matériaux de bonne qualité se trouvent sur place ; les vallées présentent une succession de larges cirques et d'étranglements où il serait facile de construire des barrages qui transformeraient en lacs les terrains d'amont. Ces réservoirs auraient un triple but : relever en étiage le niveau des rivières, et par conséquent venir en aide à la navigation, irriguer les pâturages situés en aval, fournir des chutes régulières dont l'industrie tirerait bon parti. Et encore ne compte-t-on pas ici les avantages qu'en retireraient les propriétaires riverains soustraits en partie aux dangers des inondations.

La création de grands réservoirs dans la partie haute du bassin serait peut-être un remède insuffisant contre les débordements de la Seine à Paris : le Morvan ne reçoit pas moins de 1,600 millions de mètres cubes d'eau de pluie en une année, et nul ingénieur ne songerait à emmagasiner tout cela ; mais dans l'étroit bassin d'un affluent on peut retenir par un barrage 20 millions de mètres cubes, ce qui est considérable à proportion de la surface menacée par les crues de cet affluent. Une telle entreprise coûterait 1 million de francs et permettrait d'irriguer des milliers d'hectares qui n'ont en été pas même assez d'eau pour abreuver le bétail. La grande meunerie s'établirait alors dans la contrée fertile de l'Auxois, d'où l'insuffisance des moteurs hydrauliques l'écarte jusqu'à ce jour.

Des barrages peuvent être exécutés, avec bénéfice pour l'agriculture aussi bien que pour l'industrie, dans les vallées du Serein, du Tournessac, de l'Argentalet, du Cousin, aussi près que possible de la limite du Morvan et de l'Auxois. C'est dans les cantons industrieux de la Normandie qu'il faut voir quelle puissance motrice ont les chutes des cours d'eau lorsqu'on sait s'en servir. Une petite rivière, le Cailly, qui se jette dans la Seine auprès de Rouen, fait marcher 104 usines : elle produit une force utile de 1,083 chevaux-vapeur ; à supposer que l'on voulût remplacer par des machines à vapeur les moteurs hydrauliques de la vallée du Cailly, il en coûterait 500,000 francs par an pour le moins, et cependant cette rivière n'a ni plus d'eau ni plus de hauteur de chute que les rivières qui débouchent du Morvan.

Les cultivateurs, peut-être plus encore que les industriels, trouveraient leur profit dans cet aménagement artificiel d'eaux courantes aujourd'hui dépensées en pure perte. La fertilité ou la stérilité d'un sol n'a rien d'absolu ; en dehors de la composition chimique il faut tenir compte des conditions de climat et d'arrosement. Qu'est-ce que ce mélange de sable d'argile, de calcaire et de débris organiques sur lequel se développent les végétaux et que l'on appelle la terre arable ? Tantôt ce sont des alluvions semblables à celles qui se forment encore chaque jour à l'embouchure des fleuves, ce sont des graviers et des limons entraînés par les eaux. On trouve de ces alluvions dans le bassin de la Seine au fond de presque toutes les vallées. Si la rivière a peu de pente, le dépôt s'étale sur une vaste surface; cette disposition se présente dans les couches molles du terrain crétacé inférieur, où se rencontrent les plaines alluviales de Saint-Florentin sur l'Yonne, de Vaudes sur la Seine, de Brienne sur l'Aube, de Vitry-le-François sur la Marne. Lorsque les eaux sont limpides et n'éprouvent pas de crues violentes, c'est de la tourbe et non plus du gravier qui se dépose. On en trouve au fond de presque toutes les vallées de la Champagne. Au contraire, dans un bassin à crues torrentielles, le terrain se creuse et se ravine de plus en plus.

Les cours d'eau travaillent donc sans cesse, quoique avec une lenteur infinie, à modifier la forme et l'étendue des vallées qu'ils parcourent. C'est surtout sensible quand l'homme s'avise parfois de changer le lit qu'une rivière s'est creusé avec le temps. L'Armançon, cours d'eau torrentiel, avait pris une allure à peu près régulière ; en certains lieux, on a détruit les plantations qui garnissaient les berges, sous prétexte d'élargir les rives et de donner plus d'écoulement aux eaux; ailleurs, pour faire place au chemin de fer de Paris à Lyon, on a supprimé les sinuosités de la rivière. Celle-ci, troublée dans son cours, s'est mise à divaguer, suivant l'heureuse expression de M. Surell, rongeant ici, remblayant plus loin, entraînant de çà et de là des bancs de gravier qui voyagent avec les eaux jusqu'aux endroits où la lenteur du co rant leur permet de se déposer de nouveau.

Les ingénieurs ont appris par là qu'il faut troubler

le moins possible le tracé capricieux qu une rivière s'impose à elle-même et que le temps a consacré. Prétendre élargir le lit ou rectifier les berges est une entreprise téméraire dont les riverains situés en aval éprouvent toujours le contre-coup.

Ce qui arrive rarement de nos jours, dans nos contrées du moins, était sans doute plus fréquent aux époques reculées où les eaux, descendant en cascades des montagnes, n'avaient pas encore acquis leur régime normal; c'est alors que ce sont entassés dans les creux ces bancs épais d'alluvion au milieu desquels les rivières se sont ouvert un lit définitif.

On le comprend, les limons et les graviers sont composés d'autres éléments que le sous-sol qu'ils recouvrent. Ainsi les plaines du terrain crétacé sont formées en majeure partie des débris des calcaires jurassiques. Au contraire la terre arable qui recouvre les plateaux que les eaux ne pouvaient atteindre a même composition que le sous-sol, sauf les modifications produites par la gelée, par l'atmosphère, par la culture elle-même ou la végétation, en une longue série de siècles. Les terrains hauts de la craie et de l'oolithe ne contenaient pas d'éléments assez variés, ou bien ils ont trop bien résisté à ce travail de décomposition naturelle. La couche terreuse y est mince, les récoltes y sont médiocres; le lias et les terrains tertiairés se sont transformés avec plus de succès; la terre y est plus féconde. Au reste, on peut admettre que les eaux diluviennes ont couvert dans les temps anciens nos plateaux les plus élevés, et y ont laissé, sauf sur les pentes trop abruptes, une boue fertilisante. Le sol actuel est donc le produit d'un long travail de la nature.

Mais le point important à noter est que ce travail de la nature n'a pas donné partout un résultat uniforme. Si la qualité de la terre arable dépend de l'épaisseur plus ou moins grande du dépôt diluvien ou alluvionnaire qui s'y est entassé, elle dépend plus encore du sol primitif et même du sous-sol géologique. Il n'y a pas en France de cantons plus fertiles que la partie septentrionale du bassin de la Seine où le limon a recouvert un sol absorbant; c'est là que prospèrent les fructueuses cultures industrielles, la betterave, le lin, le colza. Ce sol perméable est un drainage naturel qui enlève l'excès d'humidité nuisible à la végétation. La Brie, dont le sous-sol est imperméable et dont la superficie est également limoneuse, n'a pu atteindre ce degré de richesse que par des travaux d'assainissement et de drainage artificiel. Le Gâtinais est en voie de subir cette transformation. La craie et l'oolithe, trop perméables et par conséquent trop secs, sont restés trop maigres. L'élément calcaire indispensable à la végétation manque dans le Morvan et dans l'Argonne. La géologie explique donc en partie le plus ou moins de succès des agriculteurs dans les diverses provinces du territoire que nous considérons, à la condition de tenir compte aussi des changements que l'homme y apporte lui-même par son travail, car le drainage et le marnage améliorent des terres que l'on eût crues d'abord rebelles à toute culture.

Le succès des prairies depend surtout de la nature du sol, quoique l'on pourrait, au moyen d'irrigations bien entendues, les étendre davantage dans les contrées qui en sont trop dépourvues. M. Belgrand énonce ce principe, que les prairies naturelles se développent dans les terrains imperméables jusqu'au flanc des coteaux et sur le sommet des montagnes, tandis que les pays perméables n'en possèdent que sur les bords des cours d'eau dans la partie des vallées submergée par les crues.

Cette loi suffit à faire connaître quelles régions sont dotées de pâturages et quelles autres en sont privées. Les prés occupent 20 pour 100 de la surface totale du territoire dans l'Auxois, où l'on engraisse les beaux bœufs de la race charolaise ; dans le pays de Bray, la proportion est encore plus forte, parce que l'humidité du climat est plus favorable au bétail que la sécheresse estivale de la Bourgogne. Les cantons de Bayeux et d'Isigny, si renommés pour la production du beurre, sont assis sur le lias, comme ceux de l'Auxois. Le Morvan n'a que des prairies médiocres en raison de la tourbe qui s'y développe ; on y élève des bœufs, mais on ne les engraisse pas. Dans les terrains perméables, les prés, toujours de mauvaise qualité, occupent à peine un centième de la surface. La race bovine n'y réussit guère, si ce n'est dans la petite culture ; la race ovine, qui trouve une nourriture suffisante sur les terres les plus sèches, s'y plaît davantage. Le mouton de belle race prospère sur les plateaux perméables et fertiles du Soissonnais, du Valois, de la Beauce et du pays de Caux, où l'on élève ces admirables mérinos qui donnent de bonne viande et en même temps une laine de qualité supérieure.

De ce qui précède il résulte que le bassin de la Seine contient beaucoup de terres à froment et peu de prairies propres à l'engraissement du gros bétail. Le mouton, qu'il peut produire en plus grande quantité, n'est qu'une viande de luxe, presque exclue de la consommation des classes ouvrières. L'Angleterre au contraire est un pays de pâturages en raison surtout de l'humidité de son climat. On ne doit donc pas s'étonner que les Anglais consomment plus de viande que nous. Cette différence entre eux et nous n'est pas une affaire de mœurs ou de race, comme on le croit trop souvent; c'est simplement une conséquence des aptitudes du sol que nous habitons. Il est probable au surplus que le bas prix et la facilité des transports, ainsi que les perfectionnements introduits dans les méthodes de culture, rétabliront peu à peu l'équilibre.

Après la viande et le blé, il n'est pas de production plus intéressante que celle de la vigne. Dans notre pays même, le vin n'entre-t-il pas à plus forte dose que la viande dans l'alimentation du peuple? Mais la vigne est une culture délicate. Sous notre climat elle ne dépasse pas l'altitude de 350 mètres ; elle n'aime pas les marais, les terrains frais, les brouillards, le voisinage de la mer. Il lui faut des terrains en pente, bien drainés par le sous-sol, une bonne exposition, telle que le sud-est, des vallées larges et ouvertes. Elle est donc exclue du Morvan, de la Normandie, de la Beauce, des plateaux crayeux et oolithiques et des argiles de la Champagne humide ; elle ne se plaît ni dans la Brie, ni dans le Soissonnais, ni aux environs de Paris, où elle est cultivée cependant à toutes les expositions et sur tous les coteaux, par le seul motif que le voisinage de la grande capitale donne de la valeur aux plus mauvais produits de la fermentation alcoolique.

Le vrai terrain de la vigne, ce sont en Bourgogne les coteaux un peu raides du terrain jurassique, lorsqu'ils ne sont pas trop élevés au-dessus du niveau de la mer, qu'ils sont bien exposés au soleil, en regard de grandes vallées. Tel est sur le versant oriental le site des crus fameux de la Côte-d'Or, Chambertin, Clos-Vougeot, Romanée. Tels sont aussi, plus au nord, mais avec un bouquet moins délicat, les vignobles estimés de l'Auxerrois, du Tonnerrois, de Chablis, tous compris dans la vallée de l'Yonne ou de ses affluents. On ne saurait dire pourquoi les vallées de la Seine, de l'Aube et de la Marne, donnent dans des conditions identiques des vins moins généreux.

Le terrain crétacé inférieur, pays plat, couvert d'étangs, de forêts et de prairies humides, où la vigne est presque inconnue, sépare nèttement les vignobles de la Bourgogne de ceux de la Champagne. La craie blanche est une contrée trop plate; elle ne donne guère de vin que pour la consommation locale. C'est autre chose quand on arrive à la falaise crayeuse qui sépare la Champagne de la Brie et du Soissonnais. C'est là que se groupent, autour de Reims et d'Épernay, Cramant, Ay, Bouzy, Verzenay. C'est là qu'est le centre de production du vin mousseux que l'on a pu imiter, mais non pas égaler en d'autres pays. Ici se montre encore l'influence du sol et de l'atmosphère. Au sud de la petite ville de Vertus, la falaise champenoise baigne dans des marais tourbeux. La vigne disparaît ou ne donne plus qu'une récolte de qualité médiocre jusqu'aux bords de la Seine, où elle produit, non plus un vin recherché, mais le chasselas de Fontainebleau, le roi des fruits. Le village de Thomery est en effet situé, comme les plus fameux crus de la Champagne, à la limite de la craie.

N'est-il pas curieux de constater que les vignobles, de même que les prairies, se sont cantonnés d'une façon en quelque sorte spontanée dans les pays qui leur conviennent le mieux? Le paysan ne cherche pas à violenter la nature; l'expérience de ses ancêtres lui apprend qu'il aurait tort. Cette région de la France n'est pas une contrée nouvelle où le cultivateur puisse hésiter, travailler à tâtons. Les savants n'ont rien à faire qu'à constater les faits, en déduire les causes, approuver l'enseignement donné par la tradition. Ceci est encore vrai, quoique avec certaines réserves, pour les forêts, qu'il nous reste à examiner.

On pourrait dire qu'aucun sol n'est rebelle à la culture forestière, et qu'ils ne diffèrent entre eux sous ce rapport que par l'abondance ou la qualité du produit. Il y a cependant certaines exceptions. Les bois ne poussent presque pas sur un sol marneux; la craie ne leur convient pas mieux, non plus que le calcaire imperméable de la Beauce. Toutes ces couches géologiques ne portent que des arbres rabougris dont le feuillage n'est jamais bien vert. Au contraire la sylviculture réussit à merveille dans les terrains sableux ou argilo-sableux, c'est-à-dire dans le granit du Morvan, dans les limons des plateaux tertiaires, dans les sables de Fontainebleau. Cependant la conservation des forêts ne dépend pas seulement de la nature plus ou moins favorable du sol ; elle est soumise à une autre influence bien plus puissante, qui est le plus ou moins de bénéfice qu'elles donnent en comparaison d'autres cultures. On en a la preuve en parcourant le lias de l'Auxois, éminemment propre à la végétation sylvestre, comme l'attestent quelques bouquets de bois, derniers vestiges de belles forêts que l'on a défrichées pour mettre en place des prairies, du froment ou de la vigne.

Dans l'état actuel, les bois occupent 37 pour 100 dans le terrain crétacé inférieur de l'Argonne, 32 pour 100 de la superficie dans le Morvan, 48 pour 100 dans les terrains oolithiques de la Bourgogne ; ils recouvrent la presque totalité des sables de Fontainebleau. On en trouve à peine 10 pour 100 sur les terrains tertiaires, et même moins encore lorsque ces terrains sont fertiles ; la Champagne crayeuse et la Beauce n'en ont pas 2 pour 100. En somme, la surface boisée est très-considérable, quoique inégalement répartie. Partout on n'a laissé aux forêts que les plus mauvais sols. Est-ce un mal ? est-ce un bien ? Cela mérite d'être éclairci.

On discutait beaucoup en ces derniers temps l'influence que les forêts exercent sur l'écoulement des eaux, sur les crues des rivières. A ce point de vue, elles ont eu leurs partisans et leurs adversaires. La question peut avoir une grande importance en pays de montagnes ; encore l'expérience a-t-elle prouvé que les prairies sont aussi efficaces que les plantations contre les dégâts que les eaux courantes causent sur les terrains en pente.

En réalité, le bassin de la Seine est désintéressé dans cette discussion. M. Belgrand est d'avis que, si ce bassin fut jadis plus boisé, les crues du fleuve ne s'en sont jamais ressenties. Il pense que la législation n'a que faire de s'occuper du défrichement, du moins en ce qui concerne cette région de la France, et que l'intérêt personnel du propriétaire préserve suffisamment contre la destruction les forêts qui sont vraiment utiles ; mais il prêche en même temps le reboisement des terrains incultes. Il y a surtout deux zones sur lesquelles il serait désirable que la sylviculture prît davantage d'extension, ce sont l'oolithe et la craie. Sur l'oolithe, c'est assez facile, car les jeunes plantations y réussissent avec peu de soins. Pour la craie, le reboisement est un problème compliqué dont on ne surmonte les difficultés qu'avec beaucoup de précautions et de persévérance. Le seul arbre à feuilles caduques qui végète passablement est le marsault, dont les maigres taillis sont tondus au ras du sol tous les cinq ou six ans. La plantation d'essences résineuses a mieux réussi; les pins sylvestres, quoiqu'ils restent longtemps chétifs, prennent à la fin une apparence robuste et se reproduisent en semis vigoureux, à moins cependant que le terrain reboisé ne soit livré à la libre pâture des moutons. Ces reboisements transformeront-ils à la longue les plateaux arides de la Champagne? Bien qu'il soit téméraire d'y trop compter, les essais de ce genre méritent d'attirer l'attention.

En résumé, le bassin de la Seine se présente à nous avec une singulière variété d'aspects. Sauf le climat, qui partout est à peu près uniforme, on observe à chaque instant, en passant d'un canton à l'autre, des différences de sol, d'arrosement, de culture. Les routes et les chemins de fer qui sillonnent ce territoire en tous sens en ont rendu la population homogène, et cependant chaque province, en raison de ses aptitudes naturelles, s'en tient aux industries agricoles qui lui sont propres. Il est probable qu'il en sera toujours ainsi. La Champagne conservera la spécialité de ses vins pétillants, la Bourgogne celle de ses vins généreux ; le Morvan aura toujours ses forêts, la Normandie ses pâturages, la Brie, la Beauce et le Soissonnais produiront du froment.

CHAPITRE V

LE BASSIN DE LA SEINE. — LES TRAVAUX DE CANALISATION.

Il y eut un moment, lors de la fièvre des chemins de fer, où l'on parut croire que la navigation fluviale avait fait son temps. Irrégulière sur les cours d'eau naturels, elle exigeait pour franchir les limites des vallées et passer d'un bassin à un autre des canaux artificiels dont la dépense première est fort élevée, dont l'alimentation était le plus souvent précaire. Comment ne pas préférer, se disait-on, les wagons, qu'entraîne rapidement une locomotive, aux bateaux de forme grossière et massive, que des bêtes de somme halent pas à pas le long d'une rivière? Le train de chemin de fer marche jour et nuit; il ne connaît ni les chômages, ni les jours fériés, tandis que le bateau est arrêté par les glaces en hiver, par la sécheresse en été, par les crues en toute saison. L'engouement irréfléchi dont les chemins de fer furent alors l'objet devint même si puissant, que l'on vit des départements déjà pourvus de voies navigables supplier les pouvoirs publics de mettre à sec les canaux construits, afin d'y poser des rails.

Les ingénieurs des ponts et chaussées, — il faut le rappeler à leur honneur, — s'opposèrent à ces préjugés funestes, autant du moins que leur parole était écoutée. L'un d'eux, M. Minard, soutenait dès le début que les *railways* et les voies navigables ne rendent pas des services identiques, que chacun de ces moyens de transport possède des avantages qui lui sont propres, qu'aux premiers appartiennent les voyageurs et les marchandises de prix, aux secondes les marchandises encombrantes et les lourds fardeaux.

Plus tard on voulut bien admettre que la batellerie est au moins un frein salutaire contre le monopole d'exploitation des compagnies de chemins de fer. Puis survinrent des crises dans l'industrie des transports, notamment pendant le second semestre de 1871 ; il fut alors évident qu'à de certaines époques d'encombrement locomotives et wagons ne suffisent plus à la tâche. A force d'étudier la question épineuse du prix de revient, l'on s'aperçut que les bateaux chargent, en des circonstances favorables, au prix minime de 1 centime 1/2 par tonne et par kilomètre, tandis que les compagnies de chemins de fer ne descendent jamais au-dessous de 3 centimes 1/2 ; encore est-il douteux qu'elles fassent un bénéfice sérieux sur ces tarifs trop réduits. En suivant de plus près les affaires commerciales, on reconnut combien est active la puissance de détournement des voies fluviales et maritimes au détriment des voies de terre. Le moment de reprendre les entreprises de canalisation semble arrivé; nous nous proposons de dire quels progrès a faits en ces derniers temps la navigation intérieure, quels travaux elle réclame, et, s'il est possible, quel avenir lui est réservé.

En moins de quarante ans, la France a construit environ 18,000 kilomètres de chemins de fer, avec une dépense de 8 milliards; depuis 1814, elle n'a guère consacré, année moyenne, qu'une quinzaine de millions à l'établissement des canaux et à l'amélioration des rivières navigables. Il y a même une distinction à faire entre ces deux sortes de travaux. Le budget, qui ne donnait plus que 3 millions par an à la construction des canaux dans les dernières années du second empire, leur avait toujours fourni 15 millions au moins sous la monarchie de juillet : aussi nos principales lignes de navigation intérieure datent-elles presque toutes du règne de Louis-Philippe, ce que l'on a fait depuis ayant consisté surtout en améliorations et parachèvements. Au contraire les fleuves et les rivières, qui étaient dotés de 7 millions avant 1848, ont vu leur part grandir d'année en année et arriver au double en 1870. C'est que les travaux hydrauliques de ce genre n'avaient pas pour but unique de favoriser la batellerie; outre que la navigation maritime qui s'opère aux embouchures en ressent l'influence, ils devaient surtout, pensait-on, remédier aux désastreux effets des inondations périodiques.

Les ingénieurs ne se faisaient guère illusion sur ce dernier point; ils savaient que les crues sont des fléaux inévitables qu'il faut subir, ne pouvant les empêcher, et dont on réussit tout au plus à préserver les villes par des digues insubmersibles ; mais en endiguant les rivières, en en fixant le lit par des rives bien protégées, en réglant de leur mieux la pente des eaux, en emmagasinant dans des bassins aux jours d'abondance une réserve qu'on laisse aller dans les jours d'étiage, ils favorisaient à la fois les mariniers, les agriculteurs et les propriétaires d'usines hydrauliques, qui ont tous intérêt à trouver un cours régulier en place d'une rivière torrentielle. Les ouvrages exécutés dans ce dessein sur l'Yonne, sur la Seine et ailleurs, doivent compter parmi les plus beaux de l'art des ingénieurs. Jamais en effet la nature n'offrit à l'homme des obstacles plus redoutables.

Pour bien s'en rendre compte, il convient d'observer d'abord le régime d'un cours d'eau depuis les montagnes où il prend naissance par la réunion de quelques sources modestes jusqu'à son embouchure, où il déverse dans la mer, contre vents et marée, une masse liquide grossie en route d'innombrables affluents. Il ne vaudrait rien de prendre pour type de cette étude un torrent tel que la Durance, que l'on désespère d'assouplir jamais à la navigation, tant la pente en est forte et le volume des eaux inconstant, ou, pour citer un autre cas extrême, une rivière tranquille telle que l'Eure, dont le cours paisible n'a que des crues inoffensives. Il est préférable de prendre pour exemple un cours d'eau placé entre ces deux extrêmes et dont la navigation importe tant d'ailleurs à la capitale de la France, que l'on n'a dû négliger aucun moyen pour la rendre aussi commode que possible. Ce cours d'eau est formé par l'Yonne en amont et par la Seine en aval, depuis Clamecy jusqu'à Montereau et depuis Montereau jusqu'au Havre. C'est, en l'état actuel, la ligne navigable qui nous intéresse le plus.

L'Yonne prend sa source aux étangs de Belles-Perches dans le département de la Nièvre, à l'extrémité méridionale de la chaîne granitique du Morvan. Sur ce sol rocheux, que recouvre une légère couche de terre végétale, l'eau ruisselle à la surface, après chaque pluie d'orage ; chaque ruisseau, transformé en torrent, débite alors une abondante masse d'eau. En temps ordinaire, ce que le terrain en a absorbé s'écoule en mince filets qui tombent de cascade en cascade. La plupart tarissent à la fin des étés secs. En de telles conditions, une rivière peut se réduire à 100 litres d'eau par seconde en étiage, et se gonfler au moment des crues au point de fournir de 300 à 400 mètres cubes dans le même espace de temps. Trois affluents principaux, la Cure, le Cousin et le Serein, qui prennent aussi naissance dans le Morvan, sont soumis au même régime; ils contribuent tous ensemble à donner à la rivière dont il est question l'allure torrentielle que les bateliers et les riverains ont souvent lieu de redouter.

Lorsqu'elle atteint Clamecy, l'Yonne a déjà parcouru 98 kilomètres ; elle se trouve dans une vallée à pente moins rapide, sur un sol plus perméable où les eaux coulent avec moins de fougue. Jusqu'à Clamecy, elle n'a été flottable qu'à bûches perdues, mode primitif de transport qui sera décrit plus loin. A partir de cette ville, elle devient flottable en train jusqu'à Auxerre sur 77 kilomètres de long avec une pente totale de 51 mètres, soit de 66 centimètres par kilomètre en moyenne. C'est à Auxerre, au débouché du canal du Nivernais, que commence la navigation par bateaux. Sur les 120 kilomètres qui séparent cette ville de Montereau, le niveau des eaux s'abaisse de 50 mètres (41 centimètres par kilomètre), mais la plus forte pente est à la partie supérieure, au-dessus de Laroche, où s'ouvre le canal de Bourgogne. La rivière mesure alors de 70 à 90 mètres de large; elle débite 15 mètres cubes par seconde en étiage et 1,000 mètres dans les fortes crues. On comprend sans peine que la navigation naturelle, avant la construction des barrages et autres ouvrages d'art, devait se trouver souvent gênée par cette irrégularité du débit.

Des deux rivières qui se réunissent à Montereau, l'Yonne est sans contredit la plus importante par l'étendue de son bassin, par le volume de ses flots, comme aussi par les communications fluviales qu'elle dessert. C'est donc par une sorte d'erreur géographique qu'elle ne donne pas son nom au beau fleuve dont elle est la véritable mère. Quoi qu'il en soit, la Seine, notablement grossie par ce que lui verse un puissant affluent, descend vers Paris avec une pente fort modérée, de 15 à 22 centimètres par kilomètre. La largeur entre ses rives est de plus de 100 mètres; elle n'a plus d'autre défaut qu'une différence trop forte entre le débit d'étiage et celui des crues, défaut dont l'Yonne est seul responsable, car la Haute-Seine, issue de terrains moins accidentés et plus perméables que le Morvan, présente un régime plus régulier. Les mariniers s'en arrangeaient tant bien que mal avant qu'écluses et barrages eussent été inventés. Au contraire, d'une extrémité à l'autre de Paris, sur 12 kilomètres de long à peu près, le fleuve, obstrué par des ponts, resserré entre des quais de maçonneries, était le plus souvent impraticable aux bateaux.

Au-dessous de Paris commence ce que l'on appelle la Basse-Seine; elle est très-sinueuse, comme on sait, à tel point que de Paris à Rouen elle a 240 kilomètres de long, tandis que le chemin de fer n'en mesure que 120; mais la largeur augmente, le débit d'étiage est assez bien soutenu, les grandes crues, s'écoulant dans un lit plus large, deviennent moins malfaisantes, la pente se réduit à 10 centimètres par kilomètre.

Abandonné à lui-même, le fleuve à la fin du siècle dernier était exploité déjà par une batellerie très-active, et, si l'on y a entrepris depuis lors de coûteux travaux d'amélioration, c'est qu'il s'agissait d'alimenter la capitale de la France et de mettre la marine en état de lutter contre la concurrence d'un chemin de fer plus rapide et moins détourné.

Le pont de Rouen marque l'extrémité amont de la Seine maritime, qui s'étend sur 124 kilomètres de long jusqu'à l'entrée du port du Havre. A l'époque de la navigation à voiles, le voyage de Rouen au Havre était long et périlleux, car un bâtiment de tonnage moyen mettait le plus souvent huit jours, quelquefois quinze ou vingt pour remonter; la descente demandait encore la moitié de ce temps. Il y existait, entre Villequier et Quillebeuf, des bancs de sable que des navires calant plus de 3 mètres n'auraient osé franchir, même aux époques de vive eau; de plus, il s'y produisait au moment du flot, par les grandes marées, surtout quand elles étaient accompagnées d'un vent violent, une prodigieuse intumescence, connue sous le nom de barre, dont les marins redoutaient la rencontre.

Somme toute, il y a près de 800 kilomètres du sommet du Morvan jusqu'à la Manche, et sur ce long parcours, en dépit des obstacles que la nature y a semés, l'industrie des transports s'exerce depuis plusieurs siècles par des moyens divers. Le rôle des ingénieurs était de faire disparaître les obstacles. Voyons comment ils y ont réussi.

Tant que Paris fut une petite ville, les forêts d'alentour, depuis les bois de Boulogne et de Vincennes jusqu'aux forêts de Senart et de Saint-Germain, lui fournirent à courte distance les bois de chauffage et de charpente dont ses habitants avaient besoin; la population augmentant, il fallut avoir recours aux immenses forêts que contient la partie supérieure du bassin de la Seine. Alors il n'existait pas de bonnes routes, et le transport sur essieux eût au surplus été trop onéreux : l'approvisionnement de la capitale ne pouvait se faire que par voie d'eau ; mais en amont d'Auxerre la navigation, déjà difficile à la descente, était presque impossible à la remonte, bien que les mariniers eussent sans doute à cette époque des bateaux de moindre dimension que ceux de nos jours. Il n'y avait d'autre ressource que de faire flotter les bois, c'est-à-dire de les abandonner au fil de l'eau. Une ordonnance royale de 1415 indique que le flottage amenait déjà des charpentes à Paris au xv° siècle.

Cependant ce mode primitif de transport fluvial exigeait lui-même quelque préparation. Dans la région où gisent les forêts, les ruisseaux ont un lit étroit et sinueux, la pente en est excessive ; un train de bois des dimensions les plus restreintes n'y pourrait rester à flot. On imagina le flottage à bûches perdues, qui consiste en ceci : au moyen d'étangs et de réservoirs, on retient dans le haut le plus d'eau possible ; puis, à un jour fixé, on lâche les retenues, ce qui produit dans le ruisseau un courant artificiel. On se hâte alors d'y jeter les bois empilés sur les bords afin qu'ils soient entraînés par ce courant éphémère jusqu'à l'endroit où commence le flottage en train. Un barrage à claire-voie y arrête tous ces bâtons flottants, qui sont retirés de l'eau et reconnus par leurs divers propriétaires, grâce à la marque dont chaque morceau a été frappé. Cette singulière industrie s'exerce en effet par une association entre les marchands de bois de la région, association qui a ses règlements et ses assemblées générales, et qui paie à frais communs les petits travaux d'appropriation ou d'entretien qu'exige l'état du ruisseau. Le flottage à bûches perdues est usité dans bien des pays ; c'est ainsi que les bûcherons de la Forêt-Noire amenaient jadis au Rhin les produits de leur exploitation ; dans le Morvan, il s'opère encore sur tous les ruisseaux et sur l'Yonne en particulier jusqu'auprès de Clamecy.

C'est là que se forment les trains que chacun a vu arriver sur les bas-ports de Paris. Sur l'un des ponts de cette petite ville morvandiote se dresse la statue en bronze de Jean Rouvet, que l'on a prétendu être l'inventeur du flottage en train. Cette renommée est usurpée, paraît-il ; Rouvet eut du moins le mérite d'organiser le premier le flottage sur les rivières du Nivernais, de façon que les produits forestiers de ce pays, qui précédemment se perdaient sans doute faute de débouchés, eussent à l'avenir un écoulement régulier. Un train de bois de chauffage ou de charpente flotte dans 50 ou 60 centimètres d'eau; mais, comme l'Yonne ne conserve pas partout et en toute saison cette profondeur, il fallait encore quelques artifices pour assurer la marche de cette navigation primitive.

Il existait de temps immémorial sur l'Yonne, de même que sur toutes les rivières, des barrages construits en travers du lit par les propriétaires de moulins, qui ménageaient de cette façon à leurs roues hydrauliques une hauteur de chute à peu près constante. C'était une gêne pour les mariniers, bien que l'ordonnance de 1415, dont il a été déjà parlé, eût prescrit aux usiniers de réserver dans chaque barrage un pertuis de largeur convenable pour le passage des bateaux. On eut l'idée de faire ouvrir ces pertuis à jour et à heure fixes, et d'en établir de pareils sur les principaux affluents, le Beuvron, la Cure, l'Armançon. Le résultat fut que, les pertuis étant fermés, la rivière et ses affluents débitaient moins d'eau qu'en temps ordinaire, et qu'au moment de l'ouverture il s'y produisait une crue artificielle, un flot ou éclusée, — c'est le terme employé, — qui relevait pour quelques heures la hauteur du mouillage. Trains de bois et bateaux se mettaient alors dans le courant et descendaient en cinquante-deux heures, sans travail ni fatigue, les 197 kilomètres de Clamecy à Montereau. Cette navigation intermittente avait lieu deux ou trois fois par semaine pendant la saison où les eaux étaient naturellement basses. Elle n'était pas sans danger, car tout bateau qui restait en retard du flot n'avait d'autre ressource que de s'échouer jusqu'à l'arrivée du flot suivant. C'était aussi une gêne de plus pour les bateaux remontants, qui trouvaient un mouillage affaibli pendant les *affameurs* à la suite de chaque éclusée, et couraient le risque d'être chavirés par le flot descendant. Néanmoins, comme le commerce n'avait à faire remonter que des bateaux vides ou sous une faible charge, la navigation par éclusée rendit d'immenses services, et contribua puissamment pendant deux ou trois cents ans à l'approvisionnement de Paris.

Un moyen bien simple se présentait d'améliorer ce système, c'était de créer de vastes réservoirs près des sources du Morvan, de les remplir à l'époque des pluies abondantes, et d'en laisser écouler le contenu lorsque la rivière serait en étiage. C'était en outre, se disait-on, une façon d'emmagasiner l'excédant des crues naturelles et de préserver les terrains d'aval des dégâts qu'elles y causent. MM. Poirée et Chanoine, les savants ingénieurs qui dirigèrent en ces derniers temps les travaux d'amélioration de l'Yonne, faisaient valoir que les terrains granitiques du Morvan se prêtent à merveille à la construction de réservoirs ; les terrains y ont peu de valeur, la pierre y est abondante, les vallons fort étroits présentent des étranglements que l'on peut barrer avec une faible dépense. Pour former une éclusée de l'Yonne, il fallait lancer dans le lit de la rivière un volume liquide de 1,500,000 mètres cubes environ. M. Chanoine démontrait en 1835, dans un projet fort bien étudié, que par des barrages établis en travers des vallées du Cousin, de la Cure et du Serein, il était possible de constituer à peu de frais des retenues de 100 millions de mètres cubes, en sorte que les éclusées auraient lieu tous les jours au lieu de deux fois la semaine, et que la navigation, d'intermittente qu'elle était, deviendrait pour ainsi dire continue.

Un seul de ces réservoirs a été exécuté, celui des Settons sur la Cure, à peu de distance des sources de ce ruisseau. Pour créer ce réservoir, il a suffi d'édifier entre les deux coteaux de la vallée un mur en maçonnerie brute de 267 mètres de long sur 18 mètres de haut. L'eau, retenue en arrière de ce barrage, forme un lac artificiel de 360 hectares dans lequel s'emmagasinent 22 millions de mètres cubes.

Toutefois, à peine les travaux étaient-ils achevés, qu'on regrettait presque de les avoir entrepris, parce que la nécessité se faisait sentir d'appliquer à l'Yonne un système plus perfectionné. On a déjà vu quel est le grave défaut de la navigation par éclusée, qui convient seulement aux rivières sur lesquelles le mouvement est tout entier à la descente. Le canal de Bourgogne, livré au commerce en 1832 à titre d'essai, avait reçu d'année en année de nombreuses améliorations. En 1847, le trafic y était déjà considérable; l'ouverture d'un chemin de fer entre Paris et Lyon parut d'abord lui faire une redoutable concurrence; mais, les entreprises de transport par eau s'organisant, la navigation reprit de l'activité. Or ce canal, où les transports s'opèrent dans les deux sens, débouche dans l'Yonne à Laroche, à 92 kilomètres en amont de Montereau. De même le canal du Nivernais, ouvert en

1842, aboutit à Auxerre. A la navigation par éclusée, dont les mariniers se contentaient depuis des siècles, il fallait substituer quelque chose de moins incertain.

On n'ignore point comment s'opère, depuis l'invention des écluses, la canalisation d'une rivière. A des distances calculées avec soin d'après la pente, l'ingénieur construit un barrage, et à côté une écluse par laquelle passent les bateaux. En amont, la profondeur se trouve augmentée de toute la hauteur de la chute ainsi créée, si bien qu'avec des barrages assez rapprochés on obtient un mouillage aussi élevé qu'il est jugé nécessaire ; mais, si ce procédé s'applique sans danger aux rivières tranquilles dont le débit est à peu près constant en toute saison, il n'en est pas de même sur un cours d'eau tel que l'Yonne, qui donne à l'étiage 15 mètres cubes par seconde et 1,000 mètres par les grandes crues. A la suite d'une série de jours pluvieux, la rivière se gonfle, elle déborde en dehors de ses rives, elle roule comme un torrent que rien n'arrête. Un barrage fixe n'y résisterait pas, ou, s'il était assez solide pour ne pas être emporté, il rétrécirait le lit au moment où le lit est déjà trop étroit : il aggraverait donc les désastres de l'inondation. De grandes masses d'eau en mouvement sont un ennemi brutal contre lequel l'homme lutte rarement avec succès. Aussi put-on douter longtemps que les ingénieurs fussent capables de créer des barrages mobiles susceptibles d'agir en étiage et de s'effacer lorsque surviennent les crues. Le problème paraissait d'autant plus ardu que les crues arrivent souvent à l'improviste, parfois la nuit, que par conséquent l'engin projeté devait être tout à la fois résistant et d'une manœuvre rapide.

Les barrages mobiles sont une invention française ; il n'en est point qui fasse plus d'honneur à nos ingénieurs des ponts et chaussées, et, comme il arrive d'habitude, elle fut réalisée presque en même temps, par plusieurs personnes, sur des rivières différentes et par des procédés divers dont on a corrigé peu à peu les imperfections primitives.

Jadis, avant qu'il y eût des écluses sur l'Yonne, les propriétaires de moulins avaient coutume de mettre en travers de leur pertuis une poutre contre laquelle s'appuyaient des aiguilles en bois verticales ; ils obtenaient de cette façon un relèvement du plan d'eau vers l'amont, par conséquent une chute plus considérable. Que si une crue survenait ou si quelque train de bois demandait le passage, ils rendaient la voie libre en basculant la poutre avec les aiguilles qu'elle supportait. Cette application première ne comportait qu'une médiocre hauteur de chute et surtout peu l'ouverture. M. Poirée, vers 1834, essaya d'en étendre le mécanisme à l'un des plus larges pertuis de l'Yonne, avec une chute de 2m,20 en temps d'étiage. L'épreuve ayant réussi, il la renouvela sur la Loire, à Décize, avec de plus grandes dimensions ; puis, lorsqu'on résolut d'améliorer la Basse-Seine et qu'on lui permit d'y appliquer le même système, il ne craignit pas d'ériger en travers du fleuve, sur quelques centaines de mètres, le fragile édifice de poutres et d'aiguilles qui relève de deux ou trois mètres le niveau ordinaire de l'eau.

Il serait malaisé de décrire plus en détail le barrage à aiguilles de M. Poirée ; mieux vaut visiter les constructions de ce genre qui ont été faites en ces dernières années sur la Seine des deux côtés de Paris, sur la Saône, sur l'Yonne et sur d'autres rivières encore. Disons seulement que les organes essentiels sont des chevalets ou fermettes en fer qui supportent les poutres et les aiguilles; lorsqu'une crue survient, le gardien du barrage enlève à la main les pièces de bois, il renverse les chevalets sur le fond de la rivière, de sorte que rien ne s'oppose plus au libre passage de l'eau. La crue passée, le tout se remet en place sans beaucoup de travail.

Cependant le barrage de M. Poirée a certains défauts lorsque la chute devient considérable. Les manœuvres sont pénibles, parfois dangereuses ; la fermeture n'est pas assez étanche. Un peu avant lui, M. Thénard avait installé sur l'Isle des barrages mobiles d'un autre modèle. Sur cette rivière, qui était, avant la construction des chemins de fer, le seul débouché économique du département de la Dordogne et de son chef-lieu, l'on avait établi sous Louis XV et à des époques plus récentes des barrages fixes d'une hauteur insuffisante pour assurer la navigation en étiage et qui produisaient néanmoins des inondations au moment des crues, par suite infligeaient des dommages graves aux propriétés riveraines. Comme débit, l'Isle peut être comparée à l'Yonne; elle a seulement moins de largeur et par conséquent plus de pente. M. Thénard eut l'idée de dresser sur les barrages, après en avoir abaissé la crête, des trappes à charnières qu'un arc-boutant soutenait vers l'aval. On relevait ou l'on abaissait ces trappes selon qu'il fallait retenir l'eau ou lui rendre son libre écoulement. Cette fois encore, l'essai réussit; l'invention de M. Thénard fut exécutée plus en grand par M. Chanoine au barrage de Courbeton, auprès de Montereau. C'est ce qu'on appelle aujourd'hui le barrage à hausses mobiles, qui, perfectionné et modifié suivant les circonstances, a reçu de nombreuses applications et a fait la réputation méritée de M. Chanoine.

Une description plus complète exigerait trop de détails techniques ; aussi n'est-il possible que d'énumérer ici les ingénieux travaux de M. Desfontaines, de MM. Krantz, Caro et Cuvinot, qui, par diverses améliorations, ont voulu rendre ces engins plus parfaits ou bien ont tenté de les rendre automobiles, c'est-à-dire de les disposer de telle sorte qu'ils fonctionnassent d'eux-mêmes sous la pression de l'eau sans l'intervention de la main-d'œuvre humaine. Le point important à retenir est que les ingénieurs d'aujourd'hui savent barrer un fleuve et lui rendre son libre cours pour ainsi dire à volonté, — non pas que leur puissance soit illimitée sous ce rapport : ils n'ont pas encore osé traiter le Rhône par cette méthode; mais sur la Seine l'entreprise est couronnée d'un succès complet. Voyons quels en ont été les résultats pour la navigation.

Entre Laroche et Montereau, dix-sept barrages mobiles avec écluses maintiennent le mouillage à une hauteur telle que des bateaux de fort tonnage peuvent cheminer avec une égale facilité dans les deux sens, sauf aux époques de grandes crues. Le canal de Bourgogne, qui se trouve ainsi débloqué, servira désormais à l'industrie des transports mieux qu'il ne l'avait fait jusqu'à ce jour. Au-dessus de Laroche et jusqu'à Auxerre, le projet d'amélioration de l'Yonne comporte neuf barrages, qui ne sont pas achevés : aussi le canal du Nivernais ne peut-il rendre encore les services que l'on en attend. De Montereau à Paris, la marine a plus d'importance encore, d'abord parce que les deux rivières qui se réunissent à Montereau lui apportent chacune leur contingent, et de plus parce que le trafic augmente à mesure que l'on se rapproche de la capitale. Douze barrages éclusés maintiennent un tirant d'eau de 1^{m},60 au minimum ; on reconnaît déjà qu'il est nécessaire d'y faire de nouvelles dépenses pour élever le mouillage à 2 mètres. Notons en passant que ces améliorations coûtent fort cher. Le prix d'établissement d'un barrage mobile avec hausses sur la Haute-Seine a varié de 600,000 fr. à 1 million.

L'ensemble de ces travaux, non moins utiles au commerce que remarquables au point de vue de l'art des constructions, ne laisse pas de léser quelques intérêts. Les longs trains de bois qui descendaient jadis à Paris au fil de l'eau s'accommodent mal d'une rivière canalisée ; les écluses les gênent, les barrages affaiblissent le courant qui les entraîne ; ils n'ont pas assez de consistance pour se faire remorquer. Il est donc probable que le flottage disparaîtra, comme tant d'autres industries de l'ancien temps que les progrès des voies de communication ont anéanties.

Au commencement de ce siècle, la Seine n'était pas navigable dans la traversée de Paris, hormis un certain état des eaux qui ne se réalisait qu'à de rares instants dans le cours de l'année. Les bateaux chargés venant de l'amont s'arrêtaient au pont de la Tournelle ; ceux de l'aval ne dépassaient pas le port Saint-Nicolas. Pour remédier à cet inconvénient, la ville de Paris obtint du gouvernement, en 1802, l'autorisation de creuser à ses frais le canal Saint-Martin, qui part de la Bastille, s'élève au moyen de neuf écluses jusqu'à La Villette, où il reçoit les eaux du canal de l'Ourcq, et, sous le nom de canal Saint-Denis, redescend avec douze écluses à La Briche pour y rejoindre la Seine après un parcours de 11 kilomètres, tandis que le parcours en rivière n'en a pas moins de 27. Il en est résulté la création à La Villette d'un port intérieur dont le mouvement s'élève à 2 millions de tonnes par année ; autrement dit, ce port, fait peu connu, rivalise d'importance avec celui du Havre. Toutefois, comme cette voie navigable appartient maintenant à une compagnie concessionnaire qui se fait payer par la batellerie une redevance très-élevée, il était utile de rendre la Seine elle-même navigable. C'est ce que l'on a eu en vue en construisant l'écluse de la Monnaie, le barrage de Suresnes, et en favorisant l'établissement d'un service de touage sur chaîne noyée.

Continuant notre marche, nous voici au-dessous de Paris. A mesure que l'on en descend le cours, notre fleuve acquiert plus de largeur et aussi plus d'importance commerciale, car il amène de ce côté les provenances de la Manche et celles des beaux canaux du nord. Veut-on juger par un exemple du mouvement qui s'y produit dans les grandes circonstances? Après le siége, l'écluse de Bougival a donné passage en un seul jour à 40,000 tonnes de marchandises, soit la charge de plus de cent trains sur un chemin de fer bien construit.

La Basse-Seine était navigable à l'état naturel, si ce n'est qu'il y avait en étiage des bancs difficiles à franchir; on y avait établi des barrages avec pertuis où les bateaux montants étaient obligés de prendre un renfort de chevaux remorqueurs. En 1838 seulement, M. Poirée, qui venait d'exécuter sur l'Yonne les premiers barrages à aiguilles, eut mission d'en construire un semblable à Bezons. L'effet en fut satisfaisant, on en fit d'autres qui donnèrent sur ce long parcours de Paris à Rouen un mouillage normal de $1^{m},60$; mais ces travaux étaient à peine achevés que la batellerie réclamait un mouillage de 2 mètres. Aujourd'hui ces 2 mètres de hauteur d'eau paraissent insuffisants, parce que l'on se dit qu'avec 1 mètre de plus les caboteurs viendraient jusqu'à Paris.

La marée remonte jusqu'au barrage éclusé du Martot, à 23 kilomètres au-dessus de Rouen. Ce n'est donc point par des barrages que l'on pourrait remédier au défaut de profondeur de la Seine maritime. Rien n'est plus incertain au surplus que la théorie des phénomènes qui se passent à l'embouchure des fleuves, sur la limite indécise où l'eau douce se mêle à l'eau salée. Quelle a été dans les temps préhistoriques la cause déterminante du large estuaire par lequel la Seine débouche dans la Manche ? Pourquoi le flot montant est-il accompagné d'une vague monstrueuse, barre ou mascaret ? A quoi faut-il attribuer les variations du chenal navigable qui divague au milieu des bancs de sable, va d'une rive à l'autre et se déplace suivant les années ? Autant de questions auxquelles on ne saurait répondre avec précision. On eut tout d'abord l'idée de rétrécir le chenal au moyen d digues longitudinales qui le maintiendraient dans un direction constante. Cependant dès 1825 le conseil généra des ponts et chaussées se prononçait contre cette solu tion. A propos d'un projet relatif à l'amélioration de la Gironde, il émettait l'avis que les bancs de sable repoussés par les digues se reformeraient en aval, si bien que l'endiguement n'aurait d'autre effet que de reculer l'obstacle au lieu de le supprimer. Il fallait pourtant faire quelque chose. Il avait été question d'un canal latéral entre le Havre et Rouen ou Villequier; mais c'était une dépense d'une centaine de millions. On avait essayé de construire des épis, c'est-à-dire des digues transversales s'avançant de la rive jusqu'au chenal; l'expérience avait prouvé que c'était plus nuisible qu'utile. On en revint, faute de mieux, à l'endiguement latéral, qui fut effectué de 1848 à 1850 entre Quillebeuf et Villequier, prolongé jusqu'à Tancarville en 1858, puis jusqu'à la pointe de La Roque en 1865.

Les résultats en ont été satisfaisants en ce sens que le mascaret a disparu, qu'une profondeur de 5m,50 à 7 mètres se trouve réalisée. A marée haute, la navigation s'opère avec rapidité et sans péril jusqu'au port de Rouen, que fréquentent maintenant des bâtiments de 1,200 tonneaux; mais les marins ont, paraît-il, quelques raisons de craindre que ce grand travail ne contribue à ensabler les abords du Havre, en sorte que les digues s'arrêtent à La Roque sans que l'on ose les prolonger au delà.

Quelque obscure que soit encore la théorie, il se dégage dès à présent des tentatives exécutées certains principes qui font comprendre au moins où gît la difficulté. D'une part, il semble reconnu que l'existence des bancs de sable et les variations du chenal dans une large embouchure sont dues à ce que le courant de flot et celui de jusant ne s'écoulent pas dans le même lit. En rétrécissant le fleuve au moyen de digues en long, on fait coïncider ces deux courants ; par conséquent on accroît la profondeur de l'eau . c'est bien l'effet produit par les travaux de la Seine maritime. D'autre part, la profondeur ne se conserve sur le littoral qu'autant que l'estuaire peut absorber un grand volume d'eau à marée montante, parce que cette masse, s'écoulant quand le flot descend, chasse les sables au large. Si donc les digues étaient prolongées jusqu'à Honfleur, ainsi que cela fut maintes fois demandé par les négociants rouennais, il est probable que des atterrissements se formeraient à l'entrée du Havre. Or Le Havre est notre port le plus important pour les arrivages de l'Angleterre et de l'Amérique ; il était sage d'ajourner jusqu'à plus ample expérience des travaux d'endiguement dont la nécessité n'était pas absolue.

Les débats très-vifs que cette question a soulevés entre les habitants de Rouen et ceux du Havre se reproduisent avec les mêmes raisons d'être en d'autres localités. C'est la lutte entre Nantes et Saint-Nazaire, entre Greenock et Glasgow. Les ingénieurs ne peuvent en pareil cas qu'indiquer une solution, encore n'en garantissent-ils pas toujours l'efficacité, faire connaître les avantages et les inconvénients ; il appartient ensuite à ceux qui disposent des ressources du budget de peser les intérêts en balance et de prendre une décision.

Bordeaux est situé, comme Rouen, bien loin à l'intérieur d'un fleuve où la marée se fait sentir ; il y a une centaine de kilomètres de cette ville à la pointe de Grave. En l'état naturel, la Garonne maritime possédait presque partout un mouillage de 4 à 5 mètres, sauf sur des hauts-fonds que les navires de fort tonnage ne pouvaient franchir qu'au moment de la pleine mer. A quelles causes étaient dus ces hauts-fonds? A la largeur exagérée du lit, à la divagation du chenal navigable, qui passait d'une rive à l'autre, à l'existence d'îles nombreuses qui empêchaient les courants de flot et de jusant de s'écouler par le même bras. Le remède semblait indiqué par la nature même des choses. Il suffisait de rétrécir le lit lorsqu'il avait trop de largeur et de barrer par des digues les bras secondaires. C'est ce que l'on a exécuté avec un succès remarquable et d'assez faibles dépenses. En 1832, le savant ingénieur Deschamps, le constructeur du pont de Bordeaux, proposait d'ouvrir dans la vallée de la Seudre un canal latéral dont la dépense aurait dépassé 50 millions. Avec 3 millions au plus, la Garonne a été redressée et approfondie, si bien que les grands paquebots transatlantiques de la ligne du Brésil remontent jusqu'à leur port d'attache sans être jamais arrêtés par l'état des passes.

La Loire encore est un fleuve à marées, d'une navigation si pénible pour les gros bâtiments qu'il parut à une époque récente que Saint-Nazaire devait absorber tout le mouvement commercial dont Nantes avait profité jusqu'alors. Observons en passant que sur ces larges estuaires par lesquels les fleuves entrent dans l'Océan la situation d'un port n'est pas indifférente. Ce port est le *terminus* de la navigation maritime; c'est là que les navires de mer livrent leurs cargaisons aux wagons de chemins de fer, aux voitures, aux bateaux de la navigation intérieure. Routes et chemins de fer se prolongent jusqu'à Paimbœuf ou Saint-Nazaire aussi bien que jusqu'à Nantes; pour les bateaux plats de rivière, le cas est différent, on ne saurait sans péril les conduire à Saint-Nazaire, et puis à l'embouchure il n'y a pas de communication prompte et commode entre les deux rives. L'allongement de la traversée est une affaire de quelques heures, si le chenal est d'un accès facile; c'est un travail qui rapproche la marchandise du consommateur sans augmenter le prix du fret.

Par ces divers motifs, c'est à l'intérieur des rivières plutôt que sur le littoral que se sont créés les principaux ports de commerce. Le Havre est à cet égard une exception dont on ne citerait guère d'autre exemple. Il eût donc été presque impossible, l'eût-on voulu sérieusement, de remplacer Nantes par Saint-Nazaire; l'amélioration de la Basse-Loire s'imposait alors comme œuvre de première nécessité.

On crut qu'il suffisait d'imiter ce que l'on avait déjà fait sur la Seine en aval de Quillebœuf, c'est-à-dire d'endiguer le chenal entre Nantes et Paimbœuf en vue de maintenir les courants de flot et de jusant dans un espace restreint. Les ingénieurs espéraient obtenir de cette façon une profondeur de 5 mètres ; ils n'en eurent même pas 4 par les marées de vive eau. Le fond du lit, composé d'un dépôt diluvien d'une grande dureté, ne se creuse pas sous le courant. Les mouvements de flux et de reflux s'alanguissent dans le dédale d'îles et de faux bras dont la Loire est encombrée aux abords de Nantes. Comme en outre le fleuve charrie d'énormes masses de sable arrachées aux berges qu'il ronge dans le haut du bassin, des atterrissements se sont produits en aval des digues au point de compromettre la navigation dans la partie de l'estuaire réputée jusqu'alors la plus sûre. Ainsi la méthode d'endiguement qui réussit sur la Seine et sur la Gironde échoue dans la Loire. L'amélioration des embouchures est un problème complexe, on le voit, qui trompe souvent les prévisions des ingénieurs les plus expérimentés.

Revenons à la Seine pour résumer en quelques lignes les travaux dont elle a été l'objet ; ces travaux méritent en effet de servir de type pour montrer en quoi consiste la canalisation complète d'une rivière depuis ses sources jusqu'à la mer.

Que trouve-t-on sur ce magnifique cours d'eau qui, des montagnes du Morvan à la Manche, transporte tant de richesses, arrose un si beau pays ?

Dans le bas, où la marée se fait sentir, des digues longitudinales empêchent le chenal de divaguer au milieu des bancs de sable ; au-dessus, de Rouen à

Auxerre, des barrages mobiles avec écluses soutiennent le niveau d'étiage, mais s'effacent au moment des crues ; vers le haut du bassin, des voies artificielles, le canal de Bourgogne et celui du Nivernais, reçoivent les bateaux, les conduisent d'écluse en écluse sur le versant de la Saône ou sur celui de la Loire.

Parfois, comme à Paris, lorsque le fleuve offre des passes difficiles ou décrit un long circuit, on a rejoint les deux branches par une dérivation éclusée.

En dehors de la partie maritime, on n'a construit nulle part des digues sur les bords ; tout au plus consolide-t-on les berges lorsqu'elles sont minées par des érosions. Les ingénieurs se gardent bien de redresser le cours lorsqu'il est tortueux, afin de ne pas troubler la pente naturelle que l'eau s'est donnée ; ils ne prennent pas la peine de draguer les hauts-fonds, parce que de nouveaux apports de sable combleraient le trou que la drague aurait creusé. S'ils édifient un pont, un mur de quai, ils ont soin que ces ouvrages ne rétrécissent ni n'élargissent le débouché des eaux. En un mot, ils respectent jusque dans ses écarts le lit que la rivière s'est préparé ; c'est une œuvre de nature que la main de l'homme ne modifierait pas sans produire de grave dégâts (1).

1. Ceci n'est point absolu. Les rivières dont le cours est très-lent et la pente très-douce peuvent être redressées sans inconvénient. Les ingénieurs autrichiens en ont donné un bel exem

Ce que l'on a fait sur la Seine montre ce que l'on aurait à faire sur les autres rivières de France pour les assouplir à la navigation, à l'exception de quelques cours d'eau dont il serait impossible de dompter les allures torrentielles.

ple sur la Theiss, qui sort de marécages au pied des monts Carpathes et vient se jeter dans le Danube près de Belgrade avec une chute de 44 mètres seulement sur 1,200 kilomètres de long. La Theiss, dont le régime est très-régulier, a été raccourcie d'un tiers par des redressements de rives. C'est encore, malgré ces travaux, l'une des rivières les plus lentes et les plus paisibles que l'on connaisse.

CHAPITRE VI

LES RIVIÈRES CANALISÉES. — LES BARRAGES ET LES RÉSERVOIRS.

C'est depuis cent ans une question fort discutée entre les ingénieurs de savoir ce qu'il faut préférer d'une rivière canalisée ou d'un canal latéral. Le grand ingénieur anglais Brindley, qui a doté son pays d'un magnifique réseau de voies navigables, prétendait au siècle dernier que Dieu a créé les rivières pour alimenter les canaux. Et en effet, laissant le côté l'Yrwell et la Mersey, il a creusé le canal du duc de Bridgewater latéralement à ces cours d'eau. En France, on s'est montré moins absolu ; par exemple, on a continué la navigation dans le lit de l'Yonne d'Auxerre à Laroche, bien qu'il eût été sans doute moins onéreux de creuser un canal à côté.

Au surplus, la réponse à cette question dépend surtout des conditions particulières à chaque cours d'eau; ainsi le canal de Roanne à Châtillon s'explique par la mobilité excessive du lit de la Loire. En général, lorsqu'une rivière a beaucoup de pente, qu'elle est soumise à de fortes crues, et surtout si le fond se modifie suivant le niveau des eaux, il vaut mieux creuser un canal à côté que de prétendre à l'améliorer. Depuis l'invention des barrages mobiles, on tente volontiers de dompter des rivières que l'on aurait crues jadis rebelles à la navigation ; toutefois il faut peut-être s'attendre tôt ou tard à de nouvelles idées sur ce sujet. Les rivières ne sont pas faites seulement pour porter bateau ; l'industrie et l'agriculture en réclament aussi l'usage, l'une pour leur faire produire de la force motrice, l'autre pour les employer à des irrigations. Il vaut la peine d'examiner ce que l'on peut tirer des eaux courantes sous ce double rapport.

S'imagine-t-on bien quelle force latente recèlent les eaux en mouvement? La Seine roule en grandes crues 2,000 mètres cubes par seconde sous les ponts de Paris, le Rhône 7,000 mètres cubes à son entrée dans Lyon, et plus du double auprès d'Avignon. L'Ardèche, sur un parcours de 119 kilomètres, descend une hauteur de 1,243 mètres ; on l'a vue verser dans le Rhône jusqu'à 8,000 mètres cubes par seconde au mois de septembre 1857.

Qu'est-ce encore que nos modestes rivières en comparaison de celles de l'Amérique? D'après les observations récentes d'un ingénieur anglais, le Parana, devant la ville de Rosario, 400 kilomètres au-dessus de l'estuaire de la Plata, débiterait en temps ordinaire 24,000 mètres cubes par seconde.

Que l'on suppose de telles masses liquides emprisonnées au moyen de barrages dans les gorges des montagnes, retenues dans des lacs artificiels, il y aurait de quoi faire tourner une année durant des roues hydrauliques et des turbines pour toutes les industries, arroser aux époques de sécheresse les terres dépourvues d'humidité. Sommes-nous donc incapables d'aménager ces richesses naturelles et de transformer en ruisseaux bienfaisants les torrents qui inondent en quelques heures une vallée au lendemain d'une pluie, pour ne laisser après leur passage qu'un lit de cailloux et des plaines dévastées?

Il faut en convenir, on a beaucoup négligé jusqu'à présent la question dont il s'agit ici. Ce n'est pas tout à fait la faute des ingénieurs. Les industries auxquelles la force motrice est nécessaire n'aiment pas à s'écarter des grands centres de population, parce qu'elles y trouvent un marché toujours ouvert, des ressources de main-d'œuvre, des commodités de transport qui leur manquent dans les campagnes; mais l'élévation croissante du prix de la houille ne tardera point peut-être à rendre faveur aux moteurs hydrauliques. Il n'est donc pas sans intérêt d'examiner les tentatives déjà faites pour aménager les eaux au profit de l'agriculture et de l'industrie.

On a déjà dit quel projet d'aménagement avait été proposé pour mettre en œuvre une partie au moins des 1,620 millions de mètres cubes d'eau pluviale que reçoit année commune la surface du Morvan. Il n'a été construit jusqu'à ce jour qu'un seul réservoir, celui des Settons sur la Cure; encore la vallée de la Cure est-elle si étroite et si stérile qu'il ne s'y trouve ni cultivateurs ni meuniers pour en tirer profit. Ce réservoir avait pour objet d'accroître le volume des éclusées de l'Yonne, dont la canalisation, on l'a vu, s'exécute maintenant au moyen de barrages mobiles. Le bel ouvrage des Settons n'a plus ainsi qu'une médiocre utilité.

C'est dans les contrées du Midi que l'on dut sentir le plus tôt le besoin d'emmagasiner les eaux courantes pour irriguer des terres que desséchait un soleil trop ardent. L'Espagne, pays de montagnes où les ruisseaux sont presque tous des torrents, connut ces travaux avant le reste de l'Europe; le barrage d'Alicante, construit au XVIe siècle, existe encore aujourd'hui; c'est un mur en maçonnerie qui n'a pas moins de 42 mètres de haut. En 1788, le gouvernement espagnol avait projeté d'établir un réservoir sur la Guadarrama en vue d'alimenter d'eaux potables la ville de Madrid. Le mur qui barrait la vallée devait avoir 72 mètres d'épaisseur à la base et 93 mètres de hauteur; mais il fut emporté par une crue avant d'être achevé, et l'on n'eut pas le courage de recommencer l'entreprise.

C'est que des œuvres de ce genre, bien qu'il ne s'agisse que de maçonnerie brute, exigent toute la science de l'ingénieur; il faut en calculer les dimensions, afin que la pression n'excède nulle part la résistance des matériaux, jauger le cours d'eau pour savoir quel volume de liquide il fournira durant la saison pluvieuse, choisir les emplacements d'après des circonstances qui varient en chaque lieu. Les réservoirs établis en France dans ces dernières années méritent d'attirer l'attention à ces divers points de vue.

La ville de Saint-Étienne est traversée par un ruisseau, le Furens, dont le nom expressif indique assez l'allure torrentielle ; en étiage, il s'abaisse parfois à ne donner que 80 litres par seconde ; en 1849, après une pluie exceptionnelle, le débit s'est élevé à 93 mètres cubes ; il n'en faut pas tant pour que la ville soit inondée. Ce n'est pas tout. Les 100,000 habitants de Saint-Étienne réclamaient une distribution d'eau, enfin nombre d'usines établies sur le Furens se plaignaient d'être condamnées au chômage pendant la saison sèche. En amont, au-dessus du village de Rochetaillée, se présente un étroit défilé ; c'est là que se dresse le mur du réservoir construit il y a quinze ans sur les plans de M. Graeff, ingénieur des ponts et chaussées. On peut y emmagasiner un volume de 1,200,000 mètres cubes qui se renouvelle deux fois par an à l'époque des grandes pluies.

Au-dessus de cette retenue permanente reste un vide de 400,000 mètres cubes où se logeraient facilement les eaux d'un orage pareil à celui de 1849.

Le difficile en un tel ouvrage est de faire un mur dont la solidité soit à toute épreuve, car on imagine sans peine quels désastres produirait une rupture [1]. On

1. Non-seulement le mur du Furens est fondé sur un roc inébranlable, mais de plus il présente sur chaque face une incli-

en eut l'exemple à Lorca, dans la province de Murcie, en 1802. Un barrage aussi élevé que celui du Furens, et que l'on avait eu l'imprudence de fonder sur pilotis, étant venu à s'écrouler, il se produisit une avalanche qui noya 608 personnes et détruisit 809 maisons, sans parler des pertes en bestiaux et en récoltes.

Il est clair que les lacs artificiels de ce genre ne se peuvent créer en tous pays. Dans une contrée fertile, où la population est dense, le terrain coûte trop cher, et d'ailleurs, comme le niveau de l'eau s'élève et s'abaisse tour à tour, ce serait une cause d'insalubrité. En outre le sol doit être imperméable, sans quoi l'eau retenue derrière le barrage se perdrait par des infiltrations souterraines. Mais dans les montagnes où se placent ces réservoirs il existe quelquefois des lacs naturels : ne pourrait-on les faire servir au même usage ?

Ainsi le versant occidental des Pyrénées contient plus de trois cents lacs, dont le trop-plein alimente les rivières de la plaine, l'Ariége, la Garonne, la Neste, l'Adour, le Gave de Pau ; or toutes ces rivières ont un régime irrégulier dont on se plaint. Ce n'est pas que l'on prétende les rendre jamais navigables, car elles ont trop de pente et s'affaiblissent trop en étiage ; la région pyrénéenne ne possède pas les industries auxquelles les voies de transports économiques sont indis-

naison savamment calculée en sorte d'avoir une résistance plus que suffisante avec aussi peu d'épaisseur que possible. C'est un type nouveau que l'on a déjà imité ailleurs.

pensables, tandis que les irrigations y sont plus nécessaires que partout ailleurs. C'est par conséquent au profit de l'agriculture et des usines hydrauliques que l'amélioration de ces cours d'eau devrait être exécutée.

Au pied des coteaux coule un bras de l'Adour, connu sous le nom de canal Alaric, qui, sur 65 kilomètres de long, fait tourner trente-quatre moulins en même temps qu'il arrose 1,600 hectares de prairies. Au moment où les irrigations seraient le plus utiles, le débit d'étiage se réduit presque à rien. Dans le haut des montagnes, à 2,000 mètres d'altitude, se trouve le Lac-Bleu, d'une superficie de 74 hectares avec une profondeur considérable. Il était assez embarrassant, il est vrai, d'en faire sortir les eaux. On essaya d'un siphon, dont le débit était trop restreint, et qui n'aurait permis en tout cas que d'enlever la couche superficielle. On eut alors l'idée d'ouvrir dans le flanc du coteau un tunnel dans le granit, à 25 mètres en contre-bas du niveau ordinaire de l'eau. Lorsqu'il n'y eut plus qu'une faible épaisseur de roc vif au fond de la galerie, des tuyaux pourvus de robinets y furent scellés dans un mur en maçonnerie, puis l'ouverture du tunnel fut achevée du côté du lac au moyen d'un fourneau de mine. Maintenant on soutire en quelque sorte les eaux de ce vaste réservoir suivant les besoins des ruisseaux qui sont au-dessous dans la plaine. Ce beau travail, aussi bien conçu que prudemment exécuté, méritait une mention spéciale. Il est à peine be-

,oin de dire qu'il n'y a pas à craindre d'épuiser le lac, puisque la neige et la pluie lui restituent chaque hiver l'eau que les tuyaux lui enlèvent pendant la saison sèche.

Ces divers exemples montrent assez comment on peut aménager les eaux pluviales, transformer en ruisseau tranquille un courant torrentiel, remédier à la pénurie d'un été trop sec, quelquefois même préserver une vallée du fléau des inondations. Cependant il n'existe jusqu'à présent que peu de travaux de ce genre. C'est qu'il y faut une grande dépense et que le budget de l'État n'y aide que rarement, n'y trouvant qu'un intérêt indirect. Ces entreprises profitent surtout aux localités du voisinage, aux propriétaires riverains du cours d'eau qu'il s'agit d'améliorer ; elles devraient être conduites par des syndicats, subventionnées par ceux qui en auront le bénéfice immédiat. Par malheur, l'esprit d'association n'existe guère chez les propriétaires terriens, et c'est regrettable, car ces grandes améliorations, qui doubleraient la valeur d'un pays, ne peuvent être une œuvre individuelle.

Il est telle circonstance toutefois où ce système d'aménagement des eaux acquerrait un caractère d'utilité générale, par exemple, si l'on arrivait par ce moyen à régler l'écoulement de la Loire au point que les inondations ne fussent plus possibles. Ceci vaut la peine d'être étudié de près, car plusieurs personnes, après la grande crue de 1856, ont prétendu que c'était le vrai remède contre le retour d'un si grand fléau.

Que se passe-t-il sur les cours d'eau que la nature a dotés de barrages et de réservoirs d'une vaste superficie? Le lac de Genève intercepte, éteint en quelque sorte, les crues du Rhône supérieur; les plaines de l'Alsace et du Palatinat n'ont rien à craindre des débordements du Rhin, grâce au lac de Constance; les lacs de la Haute-Italie jouent le même rôle pour l'Adige et pour le Pô; de toutes les rivières que les Alpes alimentent, les seules redoutables sont, comme la Durance et l'Isère, celles que la Providence n'a pas pourvues d'un régulateur naturel. Ne peut-on y suppléer, s'est-on dit, par des barrages artificiels? Avec vingt-cinq ou trente réservoirs de chacun 10 millions de mètres cubes dans le haut d'un fleuve ou de ses affluents, on emmagasinerait au moment opportun la partie dommageable d'une crue; on aurait ensuite de quoi fournir en étiage un débit régulier, au grand avantage des cultures, des usines et de la navigation. La dépense première d'une pareille entreprise n'aurait rien d'excessif, puisque les réservoirs déjà construits ne coûtent guère que 80,000 francs par chaque million de mètres cubes de capacité. Que l'on compare cette mise de fonds, si grosse soit-elle, aux désastres d'une inondation telle qu'on en vit en 1856. Aménager ainsi les eaux de tout un bassin fluvial, ce serait, à vrai dire, faire à volonté la pluie et le beau temps. Le cultivateur, l'usinier, puiseraient dans le canal d'irrigation le jour où sa terre serait trop sèche ou son bief trop abaissé. La manœuvre d'une vanne remédierait à l'inconstance des saisons.

Sur une échelle restreinte, voilà ce que M. Poirée proposait de faire dans le Morvan, M. Boulangé et M. Vallée dans la vallée de la Loire, au-dessus de Roanne. Ce sont en effet les terrains primitifs où l'Yonne et la Loire ont leurs sources qui se prêteraient le mieux à des constructions de barrages, puisque les matériaux s'y trouvent sur place et que les vallons y sont rétrécis par des défilés naturels. C'est aussi là que l'eau de pluie ruisselle à la surface sans être absorbée par le sol. Que ce système soit accepté, puis poursuivi avec persévérance, le massif central de la France où prennent naissance non-seulement la Loire et ses principaux affluents, l'Allier, le Cher, la Vienne, mais encore l'Aveyron, le Tarn, le Lot, l'Hérault, l'Ardèche, toutes rivières d'allure torrentielle, le massif central deviendra le réceptacle d'une multitude de lacs artificiels d'où ne sortiront plus que des cours d'eau tranquilles.

Des projets si grandioses sont-ils une utopie, comme l'enseigne M. de Lagréné en s'appuyant sur l'autorité de MM. Dupuit et Belgrand? Voyons du moins quelles objections ces ingénieurs leur opposent. D'abord les réservoirs, construits avec la double pensée de soutenir le débit d'étiage et de préserver des inondations, risqueraient de ne pas satisfaire à la première de ces conditions dans le cas où ils seraient maintenus vides au printemps : or, qu'il survienne des crues tardives, comme celles de mai et juin 1856, les réservoirs, déjà remplis, ne pourront rien absorber. En second lieu, dans le bassin de la Loire, les inondations deviennent funestes surtout lorsque les crues des affluents se superposent. S'il pleut en même temps dans toute l'étendue de ce bassin, qui est, on le sait, fort considérable, la crue de la Vienne arrive la première dans le lit principal, puis successivement celles du Cher, de l'Allier, et enfin celle de la Haute-Loire; elles s'écoulent l'une après l'autre au lieu de s'ajouter. Retarder par un artifice la marche de l'une de ces crues sans avoir la certitude de la retenir tout entière, puisque après tout nul ne sait prévoir combien de temps durera la pluie et que les réservoirs peuvent se trouver insuffisants, c'est amener une coïncidence que la nature abandonnée à elle-même eût peut-être évitée.

Nous abusons-nous ? Il nous semble que ces critiques perdent beaucoup de leur valeur par le progrès des méthodes météorologiques. M. Belgrand n'a-t-il pas lui-même indiqué le moyen de prédire plusieurs jours d'avance et à quelques centimètres près ce que doit être une crue de la Seine à Paris ? Que lui faut-il pour arriver à ce résultat ? Quelques observateurs, avec de bons instruments, en huit ou dix points du bassin. Le véritable obstacle à la création d'un vaste système de réservoirs réside surtout, croyons-nous, dans l'énormité de la dépense. C'est une œuvre d'avenir qui se réalisera plus tard, lorsque les intéressés en auront compris l'importance et se montreront tous disposés à y concourir.

En attendant, les riverains d'un cours d'eau torrentiel n'ont d'autre protection que les digues longitudinales. On sait ce que sont celles de la Loire, œuvre malheureuse que nous a léguée le moyen âge et qu'il faut bien conserver, améliorer même, faute de pouvoir la recommencer sur un plan plus rationnel. Dans la vallée du Pô, les digues laissent entre elles un vaste lit abandonné aux crues, qui est devenu, grâce au limon bienfaisant qu'elles déposent, la partie la plus fertile du bassin. Sur les bords de la Loire, on a voulu dès les premiers temps préserver des inondations les terres rapprochées du fleuve, les *turcies* ou levées furent donc établies près des berges. Cela remonte fort loin, puisqu'un capitulaire de Louis le Débonnaire charge des commissaires spéciaux de les entretenir et de les allonger. Construites comme elles l'étaient, il fallait chaque année les renforcer ou combler les brèches que l'eau y avait faites. Peu à peu elles s'étendirent de Gien à Angers presque sans interruption, et même au-dessus de Gien, jusqu'à Decize sur la Loire et Vichy sur l'Allier. Ce qu'ont coûté ces ouvrages en frais d'établissement et d'entretien, il serait difficile de le dire, d'autant plus que c'était le plus souvent par des exemptions d'impôts que les riverains étaient rémunérés de leur travail dans l'ancien temps. En l'état actuel, les habitants du val de la Loire n'obtiennent même plus la sécurité au prix de cette organisation onéreuse. Cependant, comme des villages se sont créés en arrière de ces digues, on ne peut faire autrement que de les conserver, bien qu'elles aient troublé profondément le régime du fleuve d'un bout à l'autre de son cours, et qu'elles soient sujettes à se rompre au moment où l'on en aurait le plus besoin, comme on l'a vu lors des catastrophes de 1856 et de 1866.

Mais enfin, dira-t-on, si les levées de la Loire n'existaient pas, si l'on ne voulait pas non plus recourir au vaste système de réservoirs dont il vient d'être question, l'art des ingénieurs ne fournirait-il aucun remède contre les inondations qui ravagent tout sur leur passage? Le réponse varie suivant les circonstances. S'agit-il d'une ville où de grandes richesses sont accumulées sur un petit espace, on a recours à l'endiguement, qui s'opère par des quais en maçonnerie bien assis sur des fondations solides; les digues doivent alors, à moins de difficultés extrêmes d'exécution, être insubmersibles, ce qui signifie qu'elles doivent être plus hautes que le niveau des plus hautes eaux connues. C'est ainsi que sont protégés les quartiers bas de Paris, de Lyon, de Grenoble, d'autres villes encore. Le défaut d'une pareille entreprise est de coûter fort cher et de rétrécir le lit du fleuve, déjà trop étroit. L'importance des intérêts à garantir justifie cette dérogation aux lois de l'hydraulique.

S'agit-il au contraire d'une plaine dont l'inondation

détruira peut-être une année les récoltes, mais en y abandonnant un limon fertile, qu'on laisse l'eau des crues s'y répandre à volonté, ainsi que le font de temps immémorial les riverains du Nil. Tout au plus est-il utile de dresser des digues transversales à partir des berges naturelles du fleuve, afin d'empêcher les tourbillons et d'affaiblir les courants; l'eau, redevenue calme entre ces digues, dépose les matières fertilisantes qu'elle tient en suspension. Ce n'est pas tout, il faut, par mesure de sécurité publique, empêcher de construire des maisons dans la zone que les crues envahissent, et, si cette zone a trop de largeur, on peut encore la limiter à bonne distance des rives par une digue longitudinale qui n'a plus alors qu'une médiocre hauteur et qu'il est facile de rendre résistante. Le flot, libre de s'épancher dans un vaste lit, ne produit plus que des dégâts insignifiants, compensés par de meilleures récoltes pendant les années suivantes. Le cultivateur ne connaît-il pas d'autres fléaux, la gelée et la grêle, par exemple, qui sont tout aussi fréquents et dont les conséquences se font parfois sentir d'une année à l'autre?

Tel est le programme de défense contre les inondations que préconisent aujourd'hui la plupart des ingénieurs. On lui reproche avec raison d'être inapplicable à la Loire dans l'état où les générations précédentes l'ont mise. Il a de plus le défaut de ne pas aménager les eaux, ce que ferait si bien un système de réservoirs. Les crues continuent de descendre à la mer sans que personne en profite. On aurait tort pourtant, si l'on reprochait au corps des ponts et chaussées de préférer en cette circonstance des expédients d'une efficacité médiocre, mais connue, à une solution théorique plus complète. Les travaux publics ne sont pas des œuvres d'art faites pour la satisfaction de l'esprit ou du goût ; il convient avant tout de les proportionner aux besoins du moment aussi bien qu'aux ressources du budget. Tant d'entreprises utiles sollicitent le concours de l'État, que bien des années sans doute se passeront encore avant que l'on essaie d'aménager goutte à goutte les milliards de mètres cubes d'eau que la pluie déverse en chacun de nos bassins fluviaux.

On a vu d'abord de quelle façon s'améliorent les rivières, puis de quelle utilité elles sont pour l'agriculture et les usines riveraines lorsque la navigation n'en réclame pas l'usage exclusif. Les rivières servent encore à bien d'autres usages ; elles alimentent d'eau potable les habitants des vallées ; au-dessous des grandes villes, elles deviennent souvent et bien à tort l'exutoire des détritus que produit la vie domestique. C'est un devoir pour les pouvoirs publics de maintenir la balance entre les industries rivales qui s'en disputent la jouissance, de veiller à ce que personne n'empiète sur les droits de tout le monde. Aux États-Unis, où les chemins de fer ont acquis une si prodigieuse extension qu'ils semblent répondre à tous les besoins de locomotion les législatures d'état ne permettent pas à une compagnie d'établir un pont sans prescrire que le tablier en sera assez élevé, les piles assez espacées pour que la batellerie n'éprouve aucune entrave. Dans un pays comme le nôtre, où la population est très-dense, les cours d'eau méritent encore plus d'être protégés. Le plus grand service qu'ils puissent rendre, c'est de porter bateaux, quoi qu'on ait dit ou pensé de la navigation intérieure depuis que les voies ferrées traversent notre territoire en tous les sens. En parcourant l'un après l'autre chacun des bassins fluviaux de la France, on s'étonnera peut-être qu'il reste si peu à faire pour y rendre prospère la batellerie et la mettre en état de marcher de front avec l'industrie des chemins de fer.

CHAPITRE VII

LA NAVIGATION INTÉRIEURE DE LA FRANCE.

Il est vraisemblable que la navigation fluviale remonte en France aux temps les plus reculés et que même, à défaut de bons chemins, — il n'y eut guère de routes carrossables avant la fin du XVIIIe siècle, — nos aïeux faisaient porter bateaux à des cours d'eau qui sont classés maintenant comme flottables tout au plus. Si peu d'activité qu'eût le commerce au moyen âge, il se faisait déjà de gros transports. La construction des grandes cathédrales exigeait d'immenses quantités de matériaux provenant quelquefois de carrières éloignées, et dont le charroi par les voies de terre eût été trop lent, trop onéreux, souvent même impraticable. Les rivières, fussent-elles soumises à des alternatives de crues et de sécheresses qui arrêtaient les mariniers la moitié du temps, étaient alors des chemins tout faits que rien ne pouvait remplacer. Aussi trouve-t-on dans les recueils d'ordonnances royales de nombreux édits en faveur des bateliers, tantôt pour les protéger contre les exactions des seigneurs, tantôt pour interdire aux riverains d'élever des barrages ou autres ouvrages nuisibles à la navigation. Dès le XVe siècle, les marchands

« fréquentant la rivière de Loire et ses affluents » obtiennent la permission de lever des subsides sur les bateaux et les chargements pour la défense de leurs franchises et « l'entretènement du navigage ».

A peine les écluses venaient-elles d'être inventées par un ingénieur italien, que l'on songeait à creuser des canaux à point de partage, c'est-à-dire avec un bief culminant dont les eaux, fournies par des réservoirs, s'écoulent indifféremment sur l'un et l'autre versant d'une chaîne de montagnes. Quelqu'un proposait dès lors de joindre la Manche à la Méditerranée par un canal de trois lieues entre l'Ouche et l'Armançon, projet exécuté plus tard par le canal de Bourgogne, qui va de l'Yonne à la Saône, parce que l'Ouche et l'Armançon ne sont plus réputés navigables. En 1605, Henri IV fait commencer le canal de Briare, qui devait relier la Loire à la Seine. La même année, on s'occupe de canaliser le Clain depuis le Château de Poitiers jusqu'au confluent de la Vienne. Sully, qui comprenait si bien les besoins de son pays, inscrit sur l'état des dépenses royales (le budget de ce temps) des sommes importantes consacrées à l'amélioration de la Loire, de l'Aisne, d'autres rivières encore. Il paraît que ce grand ministre voulait y employer l'armée en temps de paix.

Au contraire, quand on s'en occupa derechef après les troubles qui marquèrent le début du règne de Louis XIII, le gouvernement prit le parti de concéder ces entreprises à des particuliers ou à des compagnies à qui l'on accordait par compensation des péages perpétuels et divers autres avantages, dont le plus curieux est l'octroi de lettres de noblesse pour plusieurs personnes, au choix des concessionnaires. C'est ainsi que s'achevèrent les canaux de Briare et d'Orléans.

D'autres jonctions, telles que de la Seine à la Saône, de l'Oise à l'Escaut, de l'Aisne à la Meuse, furent concédées vers la même époque, mais avec moins de succès, les concessionnaires se montrant incapables de subvenir aux grandes dépenses que ces projets auraient exigées. L'œuvre capitale de cette époque fut sans contredit le canal du Languedoc, entreprise plus considérable et non moins difficile que les autres canaux dont il était alors question, et qui fut achevée dans un espace de quinze ans, grâce au génie et à la persévérance du fameux Riquet.

L'ère des canaux en France ne commence vraiment qu'en 1780, à l'époque où les états de Bourgogne se firent autoriser à creuser le canal du Charolais, aujourd'hui canal du Centre; elle se continue jusqu'au moment où l'on entrevit sans témérité la création d'un vaste réseau de chemins de fer. Peudant cette période de soixante ans environ, les meilleures routes ne permettaient pas de faire les gros transports à moins de 25 centimes par tonne et par kilomètre, tandis que la batellerie, qui marchait à peu près aussi vite que les voitures, avait des tarifs réduits à la moitié ou au tiers de cette somme. La voie fluviale avait donc l'avantage du bon marché sans rien perdre sous le rapport de la vitesse. Lorsqu'on s'aperçut, dès le début des chemins de fer, que ceux-ci pouvaient se contenter d'un prix aussi réduit que l'avait été jusqu'alors celui des canaux, il parut que ces derniers étaient inutiles. Comme on l'a déjà dit, les travaux de canalisation furent presque abandonnés, ou du moins ne se continuèrent que sur les rivières les plus importantes.

Par quelles phases était passée cependant l'industrie des transports fluviaux ? Avait-elle progressé comme le reste ? En tant que voie de transport, un cours d'eau a cela d'avantageux qu'il appartient à tout le monde, qu'il est accessible sur presque toute sa longueur et qu'il n'exige qu'un matériel peu dispendieux, à la différence des chemins de fer, auxquels il faut une exploitation d'ensemble bien organisée. Le marinier vit sur son bateau, qui lui sert à la fois de maison et de magasin ; il en est le maître après Dieu, tout comme le capitaine d'un navire au long cours ; il s'arrête quand il veut, prend et laisse du fret selon que l'occasion s'en présente. C'est en un mot la plus indépendante des industries. Cependant sur chaque rivière il y avait des usages établis à la longue, comme, par exemple, de construire les bateaux avec plus ou moins de largeur, plus ou moins de tirant d'eau, suivant que le permettait l'état du lit, et sans exception avec des formes lourdes et massives qui permettent de résister aux chocs, mais aussi qui ont l'inconvénient de ralentir la marche. Ces vieux types subsistent encore sans presque avoir été modifiés.

Lorsque la machine à vapeur fut inventée, le matériel de la navigation s'améliora tout au moins sur les grands fleuves; mais en somme le progrès fut peu sensible. En effet, les moteurs mécaniques, hélice ou roue à aubes, ne conviennent guère sur les rivières étroites et sur les canaux, dont le remous détériore les berges; puis la traction à la vapeur, si elle donne plus de vitesse, coûte aussi davantage. Le halage à la corde s'est donc continué, comme au temps jadis, tantôt avec des bêtes de somme, tantôt même avec des hommes, quelque fâcheux qu'il soit de voir des hommes se condamner à un métier pareil, qui ne demande aucune intelligence.

Depuis vingt ans, un autre procédé de remorquage, le touage par chaîne noyée, s'est établi sur les cours d'eau dont le trafic est le plus actif. Cela consiste, on le sait, en une chaîne à maillons de fer étendue tout le long de la rivière et sur laquelle se hale le bateau toueur, pourvu d'une machine, traînant derrière lui tout un convoi de bateaux. C'est encore bien imparfait. Aux États-Unis, où la batellerie du canal Erié est anssi florissante que les compagnies des chemins de fer parallèles, on a promis un prix de 100,000 francs à l'inventeur d'un meilleur moteur mécanique, tant il est avéré que c'est là une question vitale pour l navigation intérieure.

En France, la batellerie est restée, sauf quelques exceptions, une industrie locale, abandonnée aux hasards de l'initiative individuelle et aux négligences de la routine. Si de grandes entreprises de transport se sont organisées sur les principales artères, comme de Paris à Lyon, sur toutes les rivières et sur tous les canaux subsistent des mariniers voyageant à leur compte, se faisant payer cher ou travaillant à prix réduit, suivant que le commerce est actif ou endormi. Comment de puissantes compagnies auraient-elles porté leurs capitaux de ce côté? Sur les rails, une tonne de marchandises placée sur essieux va, sans tompre charge, de Dunkerque à Marseille, de Strasbourg à Nantes : la durée du voyage est fixée par des règlements, tandis que la batellerie, outre qu'elle ne peut franchir les grandes distances, est arrêtée par les glaces, par les crues aussi bien que par les sécheresses. Tel bateau qui remonte la Seine jusqu'à Monrereau ne peut franchir les écluses trop étroites du canal de Bourgogne; tel autre, chargé au depart de Paris avec un enfonçement de 1^{m}, 50, risque d'échouer sur les hauts-fonds de la Saône, où la profondeur de l'eau ne dépasse pas 1^{m}, 20 ; puis les quais n'ont ni halles couvertes, ni grues de chargement, ni ces engins multiples dont les gares de chemins de fer sont pourvues. Bien plus, la voie de transport est elle-même interrompue la moitié du temps en certaines directions, ainsi d'Orléans à Angers, en sorte que le trafic de Nantes en Allemagne n'a pas même à choisir entre le chemin de fer et les canaux.

Malgré les conditions défavorables qui lui sont faites, la batellerie lutte encore avec succès contre les chemins de fer, puisqu'elle transporte 2 milliards de tonnes kilométriques[1], ce qui fait le quart à peu près des transports qui s'opèrent en France dans une année. Ceci n'a rien qui étonne, étant connu que les marchandises lourdes et encombrantes paient au plus 2 centimes sur les canaux et les rivières en bon état d'entretien, tandis que les compagnies de chemins de fer perdraient à faire le transport au-dessous de 3 centimes 1/2, d'où l'on conclut que des travaux neufs qui auraient pour conséquence d'enlever 1 milliard de tonnes kilométriques aux *railways* et d'en donner le trafic aux voies navigables procureraient au pays une économie annuelle de 15 millions. Ce n'est pas là du reste ce qui nuirait à la prospérité des compagnies de chemins de fer, car les grosses masses sont ce qui les embarrasse le plus et ce qui leur donne le moins de profit.

Or quels sont les travaux qu'exigent nos voies navigables? Il ne suffirait pas de relier la Moselle et la Meuse à la Saône, le Rhône et la Garonne à la Loire, de façon à créer des communications entre les divers bassins fluviaux. Il faut encore exécuter ces nouvelles voies ou reconstruire les anciennes sur un type uni-

1. Pour obtenir des statistiques comparables, on multiplie le poids de chaque chargement par la distance qu'il parcourt; le résultat de ce calcul est ce qu'on appelle des tonnes kilométriques.

forme, afin que d'un bout à l'autre du territoire il y ait même profondeur d'eau, mêmes longueur et largeur dans les sas des écluses. Imprévoyance singulière de la part d'une nation qui adore l'uniformité! nos canaux existants ont été faits sans un plan préconçu. Les ingénieurs n'ont rien envisagé au delà des besoins de la batellerie locale. De Paris à Lille, sur cette belle ligne de navigation dont le trafic est immense, le mouillage n'est pas le même partout, si bien que les mariniers sont obligés de régler leur chargement d'après le moindre tirant d'eau qu'ils rencontreront en route. Les bateaux faits pour les canaux du Loing et de Briare ne peuvent entrer dans le canal d'Orléans; ceux qui fréquentent la Sarthe et la Mayenne s'arrêtent aux portes du réseau breton. Ailleurs des rivières qui sont restées telles que la nature les avait faites offrent des obstacles insurmontables à la batellerie dans la saison des basses eaux. Ainsi la besogne que nos ingénieurs ont à faire est tantôt de canaliser des rivières, tantôt d'ouvrir de nouveaux canaux, tantôt d'améliorer ceux qui existent déjà. Parcourons donc notre territoire de la Manche à la Méditerranée, de l'Océan à la frontière de l'est, et voyons ce qu'il manque dans chaque bassin pour obtenir ce grand résultat. Depuis l'*Essai sur le système général de la canalisation en France*, publié en 1829 par l'administration des ponts et chaussées après la mort de l'auteur, l'illustre ingénieur Brisson, personne n'avait jusqu'à ces derniers temps étudié le réseau de nos voies navigables avec des vues d'ensemble. Peut-être faut-il attribuer à cette cause l'incohérence des travaux exécutés.

Dans cette investigation rapide, il ne saurait être question des petits cours d'eau dont la canalisation ne satisferait que des intérêts locaux ; nous avons plutôt à nous occuper des grandes lignes qui desservent les pays de grosse industrie ou qui amènent aux ports de mer les productions de l'intérieur.

Ainsi que l'on considère en particulier la situation de Marseille. Tant que cette ville ne communique avec le centre de la France et le reste de l'Europe occidentale que par des chemins de fer, elle court le risque de se voir enlever la suprématie commerciale par les autres ports de la Méditerranée, tels que Gênes, Trieste, Venise ou Brindisi ; mais Gênes serré contre la mer par les Apennins, Venise entourée par les montagnes de la Suisse et du Tyrol, Trieste bloqué par les Alpes noriques, Brindisi au fond de la Calabre, quoique accessibles par des *railways* à forte pente, n'ont rien à attendre des canaux, tandis que Marseille peut devenir la tête de ligne d'une voie navigable qui se dirigerait d'un côté sur Paris et Le Havre, de l'autre côté sur l'Allemagne par Mulhouse et sur la Belgique par la Meuse. Comme entrepôt de transports économiques, Marseille n'aurait plus à redouter que la concurrence des ports du Danube, concurrence redoutable assurément, car le gouvernement autrichien améliore le cours de ce fleuve, et en même temps les Allemands du nord préparent un réseau de canaux entre Vienne, Dresde, Berlin et Francfort. Ne perdons pas de vue que les fleuves ont la puissance de détourner le trafic, au point que l'on a vu des marchandises parties de Paris à destination de la Mer Noire prendre la route d'Anvers et de Gibraltar, au lieu de passer par Marseille.

L'étude qu'il s'agit de faire ici se simplifie d'abord par l'examen d'une carte géologique. Au centre de notre pays se dresse un massif de terrains granitiques dont les cours d'eau ont tous une allure torrentielle. Cette région comprend une dizaine de départements d'où les canaux sont exclus. Le seul usage que l'on puisse y faire des rivières est de les accommoder aux irrigations ou de leur faire produire de la force motrice. Tout au contraire de ce massif, qu'Élie de Beaumont appelait le « pôle d'ignorance de la France », Paris, le pôle de la civilisation, est le centre indiqué par la nature, d'où rayonnent les voies navigables, vers l'ouest par la Seine, vers le nord par l'Oise, à l'est par la Marne, au sud par le canal d'Orléans. Entre Paris et la Belgique, il n'y a pas difficultés sérieuses, pas plus qu'entre Paris et l'Allemagne ou la Suisse, pourvu que l'on contourne les Vosges et le Jura. Vers l'ouest encore, nous possédons deux grands ports de commerce, Nantes et Bordeaux, par où nous arrivent les provenances du Nouveau-Monde. Nantes a pour débouché naturel la vallée de la Loire. Bordeaux, qui possède déjà la Garonne et le canal du Midi, peut être doté d'une seconde voie fluviale, car les collines de faible relief qui séparent le bassin de la Dordogne de ceux de la Charente et de la Vienne sont un obstacle facile à franchir. Au midi, la vallée de la Saône et celle du Rhône, qui lui fait suite, aboutissent à Lyon et à Marseille. Le Havre, Nantes et Bordeaux sur le littoral de l'Atlantique, Marseille dans la Méditerranée, puis à l'intérieur Paris, Lyon, les frontières d'Allemagne et de Belgique, telles sont les extrémités et les grandes étapes de notre navigation intérieure. La batellerie restera paralysée aussi longtemps qu'elle ne pourra, comme les compagnies de chemins de fer, aller de l'un à l'autre de ces foyers commerciaux sans arrêt ni transbordement.

La question ainsi posée, comment sera-t-elle résolue? Elle ne peut l'être que par une étude attentive de chaque fleuve, de ses crues, de sa pente, de son débit d'étiage, afin de savoir quel effet y produiront les divers procédés d'amélioration ; puis, lorsqu'il s'agit de passer d'un bassin dans un autre, on doit examiner si le canal destiné à réunir ces deux bassins est susceptible de recevoir dans son bief de partage les grandes quantités d'eau qu'exige l'alimentation des écluses. Tels sont les problèmes techniques à résoudre. Avant tout, il importe d'évaluer les dépenses de travaux projetés, et de se rendre compte si elles ne sont pas supérieures aux intérêts engagés

---

CHAPITRE VIII

LES TRAVAUX A FAIRE

On a vu déjà que la ligne de Paris au Havre exige encore quelques travaux d'amélioration, afin d'arriver au mouillage de 3 mètres, qui convient à une voie de si grand trafic. De Paris en Belgique, trois chemins différents sont ouverts aux mariniers; tous trois s'embranchent sur l'Oise : l'un, par le canal de Saint-Quentin et l'Escaut, se prolonge jusqu'à Valenciennes et Mons, en desservant par de nombreuses dérivations les villes industrieuses de la Flandre ; le second atteint Charleroi par la Sambre ; le troisième aboutit à a Meuse près de Mézières. Le canal de Saint-Quentin, dont l'état est aujourd'hui satisfaisant, car il conserve tout au long une profondeur de 2m,20, avec des écluses de dimension convenable, montre assez bien ce qu'est la fréquentation d'une bonne voie navigable. Le trafic s'y élève à 1,800,000 tonnes par kilomètre. Le canal de la Sambre, moins parfait et possédé par des concessionnaires qui prélèvent de lourds droits de péage, reçoit un trafic plus restreint, ainsi que le canal des Ardennes, dont le mouillage est trop réduit et les écluses trop petites. Ajoutons que les rivières que ces divers canaux réunissent, l'Oise, l'Aisne, l'Escaut, la

Sambre, se présentaient dans de bonnes conditions à l'état naturel; les ouvrages exécutés pour les assouplir à la navigation n'ont été ni coûteux ni difficiles, parce qu'elles ont des pentes modérées, et que l'écart entre l'étiage et les crues n'est jamais excessif.

La Marne et le canal de la Marne au Rhin établissent une communication fluviale continue entre Paris et Strasbourg; c'est la dernière des grandes œuvres de ce genre que l'on ait exécutée en France. Le trafic restreint qu'elle reçoit prouve assez que cette ligne est loin d'être parfaite. La Marne est en effet un cours d'eau capricieux, puisque le débit des hautes eaux est de cent à cent vingt fois plus considérable que celui de l'étiage. Ici se manifeste le tort que l'on a souvent eu d'entreprendre une canalisation sans un plan bien arrêté. Cette rivière avait de tout temps rendu de grands services pour l'approvisionnement de Paris : les ingénieurs eurent d'abord à en améliorer les passages les plus défectueux. Une fois commencés, les travaux se poursuivirent; tout compte fait, la Marne a coûté presque autant qu'un canal latéral sans que le résultat soit aussi satisfaisant à beaucoup près. On reproche de plus au canal de la Marne au Rhin de n'avoir qu'un mouillage de $1^m,50$, ce qui ne suffit pas aux besoins actuels de la batellerie, en sorte que cette longue ligne de navigation, soumise d'ailleurs à la concurrence d'un chemin de fer parallèle, est loin d'avoir le trafic que sa situation géographique semblerait lui promettre.

Il y a peu de chose à dire des canaux de Briare, du Loing et d'Orléans, qui forment la jonction entre la Seine et la Loire; car, fussent-ils en meilleur état d'entretien, ils auraient encore l'inconvénient de déboucher dans la Loire, où la batellerie est réduite à l'impuissance par les défauts naturels de ce fleuve. Ils ne desservent donc que des intérêts locaux, et cependant le tonnage d'environ 380,000 tonnes qu'ils reçoivent prouve encore combien les canaux sont utiles dans cette partie de la France, au milieu d'un pays agricole dont les marchés de la capitale attirent toutes les productions. Aussi M. Krantz recommande-t-il avec raison l'ouverture d'un canal de ceinture qui contournerait Paris à 30 ou 40 lieues de distance dans la zone géologique de nature argileuse que M. Belgrand appelle la Champagne humide, et réunirait de Chauny à Orléans, par Reims, Vitry-le-Français, Troyes et Joigny, les canaux de Saint-Quentin, des Ardennes, de la Marne au Rhin et de Bourgogne. Une fois la Loire rendue navigable, cette nouvelle voie formerait l'un des tronçons de la ligne de Nantes à Strasbourg.

Passons dans le bassin de la Loire, qui nourrit, qu'on y fasse attention, un cinquième des habitants de la France. Par l'étendue de son cours, par sa situation géographique au cœur de notre pays, par la surface qu'arrosent ses innombrables affluents, dont quelques-uns sont de grandes rivières, la Loire mériterait presque d'être mise au premier rang.

L'embouchure de cette rivière occupe une position centrale sur les côtes européennes de l'Atlantique; c'est en quelque sorte un point d'atterrissage obligé pour les navires qui arrivent des divers ports du globe. Il s'y trouve une grande ville, Nantes, dont les chantiers de construction, les armements, le commerce extérieur, ont acquis une importance considérable. La Loire serait déjà, si la nature l'avait permis, l'une des artères navigables les plus fréquentées. Par malheur, c'est le cours d'eau le moins propre à la navigation. Qu'on en juge par un seul fait : il existe des houillères dans le haut du bassin, et cependant la région comprise entre Saumur et Nantes s'alimente le plus souvent de charbons anglais parce que la batellerie est arrêtée par l'état des eaux plusieurs mois chaque année. La géologie explique aisément l'allure irrégulière de ce fleuve. Sur 115,000 kilomètres carrés dont se compose la superficie du bassin, il y en a 45,000 (39 pour 100) en terrains imperméables, granits, porphyres et autres roches d'origine plutonique, sur lesquelles l'eau ruisselle après les pluies, tandis que dans le bassin de la Seine il n'y a que 19,000 kilomètres carrés sur 79,000 en terrains similaires (24 pour 100). Qu'une perturbation atmosphérique fasse tomber sur cette région imperméable une couche de pluie épaisse de 10 centimètres, — le fait s'est déjà présenté, — voilà tout de suite 3 ou 4 milliards de mètres cubes d'eau qui se précipitent dans le lit du fleuve, et, faute d'un écoulement suffisant, s'épanchent en inondations sur les deux rives.

La Loire présente encore l'inconvénient de trop fortes déclivités. A partir de Nantes, où la marée qui se fait sentir renverse le courant deux fois par jour, la pente augmente peu à peu jusque vers Orléans, où elle approche de 40 centimètres par kilomètre. Jusque-là les bateaux n'éprouveraient, sous le rapport de la vitesse d'écoulement, aucun obstacle sérieux tant pour la remonte que pour la descente; mais au delà d'Orléans la pente augmente vite : au-dessus de Roanne, elle devient telle que la navigation est impossible. Ce n'est pas tout : les variations du débit sont excessives. Lé lit dans lequel passent au Bec-d'Allier 9,000 mètres cubes par seconde en temps de crue ne reçoit plus en étiage que 30 mètres cubes, c'est-à-dire trois cents fois moins. Qu'en résulte-t-il?. Dans le premier cas, les inondations ravagent la vallée; dans le second cas, le fleuve se réduit à un maigre filet d'eau qui serpente au milieu des sables. Enfin la Loire et ses affluents principaux ont le défaut de ronger leurs berges, auxquelles ils enlèvent, année moyenne, 2 millions de mètres cubes. Cette masse de sable voyage à petite vitesse vers la mer, s'arrêtant tantôt sur une rive, tantôt sur l'autre, reprise plus tard par le courant jusqu'à ce qu'elle arrive à l'Océan, où elle s'engouffre. Si le fond du lit ne s'exhausse pas d'une façon durable, du moins il varie sans cesse; les passes navigables se déplacent, les bateaux trouvent un banc de sable à l'endroit où le chenal était ouvert quelques jours auparavant.

En somme, la Loire n'est pas navigable au-dessus d'Orléans, au-dessous elle l'est six mois de l'année tout au plus et encore avec de faibles chargements. Le halage y est impossible à cause de la largeur du lit, comme le touage sur chaîne noyée, parce que les bancs de sable se déplacent. Les bateaux s'arrêtent la nuit et par les temps de brouillards à cause des sinuosités du chenal. Malgré tout, la batellerie subsiste encore entre Briare et le confluent de la Vienne; elle est fort active entre la Vienne et Nantes, preuve certaine qu'elle répond à des besoins auxquels le chemin de fer parallèle ne donne pas entière satisfaction. En amont de Briare, la navigation s'opère presque entièrement par le canal latéral.

Comment redresser un fleuve que la nature a doté de tant d'imperfections? On réussira tôt ou tard à le débarrasser des grèves qui l'encombrent en consolidant les berges dans la partie haute du bassin. Avec des barrages mobiles, on relèverait aussi le niveau d'étiage. Il resterait encore à combattre les crues, ce qui serait une entreprise bien autrement considérable. Ne serait-il pas préférable, tout au moins plus économique, de créer un canal latéral d'Orléans à Angers? On a objecté que ce canal ne desservirait que l'un des côtés de la vallée, que l'autre rive n'en profiterait pas, et qu'au surplus les travaux à exécuter, en particulier les ponts-aqueducs sur le fleuve ou ses affluents, seraient fort dispendieux· d'après M. Krantz, la Loire doit être abandonnée à elle-même au-dessus de la Maine ; c'est en dehors de la vallée qu'il faut creuser les voies navigables qui remplaceront ce cours d'eau trop rebelle. Cet ingénieur trace donc sur la carte un canal d'Orléans à Vendôme ; puis il propose de canaliser le Loir, rivière tranquille dont le débit et la pente sont modérés : cette voie nouvelle, après avoir croisé la Sarthe et la Mayenne, débouche par la Vilaine dans le canal de Nantes à Brest. Ainsi s'ouvrirait d'Orléans à Redon, presque en ligne droite, un canal de 358 kilomètres de long qui traverserait une région agricole, exporterait à bas prix les produits du sol et rapporterait en échange les engrais dont ce pays a besoin. Un embranchement de Château-du-Loir à Tours desservirait cette dernière ville, dont les relations commerciales sont trop importantes pour être négligées.

Si la rive droite de la Loire est agricole, la rive gauche au contraire est industrielle ; elle possède de la houille et du minerai, des manufactures, des forges bien outillées. C'est dans le quadrilatère compris entre Montluçon, Châteauroux, Decize et Briare, que sont concentrés ces éléments de richesse, aux quels les transports économiques sont indispensables. On se plaît à dire que Montluçon deviendra le Manchester du centre de la France : pour que Nantes en soit en même temps le Liverpool, il est nécessaire qu'une voie fluviale unisse ces deux points extrêmes.

Jusqu'à présent, la région dont il s'agit ici ne possède que le canal du Berry, qui se compose d'un tronc commun entre Montluçon et Saint-Amand, et de deux branches aboutissant en Loire, l'une près de Nevers et l'autre, par la vallée du Cher, auprès de Tours. C'est, comme tant d'autres, un vieux projet du XVIIIe siècle exécuté seulement sous la Restauration et la monarchie de Juillet. On avait alors peu d'expérience des canaux artificiels, on savait que l'Angleterre en avait construit à petite section dont elle tirait beaucoup de profit, on voulait l'imiter.

Le canal du Berry fut creusé de 1822 à 1841 avec des écluses qui n'ont pas plus de 2^{m},70 de large et un mouillage de 1^{m},20 : aussi n'a-t-il coûté que 83,000 francs au kilomètre, ce qui est moitié de la dépense ordinaire. L'alimentation en avait été mal calculée dès l'origine, paraît-il, car il s'y produit encore des chômages prolongés par manque d'eau, bien que de nouveaux réservoirs aient été construits en ces dernières années. Néanmoins le fret s'y maintient au-dessous du prix habituel des meilleurs canaux connus, parce que l'exploitation en est patriarcale en quelque sorte. Pour 1,200 ou 1,500 francs, un marinier achète un bateau avec ses agrès, et s'y établit avec sa femme et ses enfants ; un âne en est le principal moteur, mais chacun s'attache à son tour sur la corde de halage pour aider la pauvre bête. Ce modeste équipage parcourt à peu près 16 kilomètres par jour. Le soir venu, on dételle l'âne, qui rentre dans le bateau en compagnie de ses maîtres et de quelques animaux de basse-cour, après avoir prélevé sa nourriture où il a pu, sur les francs-bords du canal ou dans les champs d'alentour. Le bateau porte environ 50 tonnes et marche presque toujours à pleine charge. Voilà de l'industrie économique, puisque le prix du transport ne dépasse pas 1 centime 1|2 par tonne et par kilomètre. Aussi cette industrie primitive lutte-t-elle avec succès contre les chemins de fer malgré la supériorité que sembleraient donner à ceux-ci leur admirable outillage, chef-d'œuvre de la grande industrie, et leur personnel bien discipliné.

Ce qui manque le plus au canal du Berry, c'est une alimentation suffisante qui permette de supprimer ou tout au moins de réduire les chômages. Cela fait, on devra l'approfondir et l'élargir aux dimensions ordinaires des autres canaux, non pas tant pour abaisser le prix du fret, qui ne peut plus guère être réduit, que pour augmenter la capacité de transport ; l'encombrement est à craindre, car il transporte déjà 400,000 tonnes. Puis il faudra songer à lui ouvrir des débouchés plus avantageux, surtout dans la direction de l'ouest. M. Krantz fait observer que, sur la limite où les terrains granitiques du massif central atteignent les terrains sédimentaires qui leur font suite, il existe une zone riche en eau, de profil peu accidenté ; il y marque un canal qui part de Saint-Amand, coupe les vallées de l'Indre, de la

Creuse, de la Vienne, dessert Châteauroux, Châtellerault, et vient aboutir en Loire à Chalonnes, dans la partie du fleuve que la nature a faite navigable. Ce canal, de 330 kilomètres de long, irait presque en ligne droite de Saint-Amand à Nantes, comme celui de la rive droite irait d'Orléans à Redon. Ce serait la voie directe qui mettrait le groupe de Montluçon en communication avec la mer.

Il ne faut parler que pour mémoire des autres grandes lignes projetées dans le bassin de la Loire : elles sont d'un intérêt moins pressant. L'une se dirige au nord sur Rennes et la baie du Mont-Saint-Michel; une autre sur Caen, par la Mayenne et l'Orne. Dans la partie haute du bassin, le canal de Roanne à Saint-Rambert, outre qu'il assainirait la plaine du Forez, ouvrirait un débouché nouveau pour les houillères de Saint-Étienne. Au sud, un embranchement de Châtellerault à Poitiers et Angoulême, prolongé jusqu'à la Dordogne par les vallées de la Drosne et de l'Isle, relierait Bordeaux au réseau du nord. Toutefois il est à craindre que l'on ne rencontre sur ce parcours des difficultés sérieuses d'alimentation pour les biefs de partage.

Ceci nous amène dans le bassin de la Garonne, dont Bordeaux est le centre commercial. Plutôt agricole qu'industriel, les chemins de fer lui suffisent à peu près jusqu'à ce jour, d'autant plus que les cours d'eau y ont de fortes pentes, des débits irréguliers, des crues soudaines et violentes, toutes conditions défavorables à la batellerie. Les travaux exécutés sur l'Isle, le Lot, le Tarn, malgré de grosses dépenses, n'ont fait de ces rivières que de médiocres voies navigables.

Étudions, pour servir d'exemple, le régime du Lot, l'un des principaux affluents de la Garonne. Le Lot prend naissance au mont Lozère, dans les Cévennes, à l'altitude de 1,200 mètres; aprés avoir coulé d'abord, sur près de moitié de sa longueur totale, au milieu de terrains primitifs naturellement imperméables et très-inclinés, il coupe les terrains jurassiques et crétacés où le volume de ses eaux ne s'accroît plus guère, puis il achève son cours au travers de larges plaines d'alluvions perméables. Ces conditions géologiques disent assez ce que doit être l'allure habituelle de la rivière. Dans le haut, c'est un torrent avec 7 mètres de pente moyenne par kilomètre et des crues qui centuplent le débit d'étiage. Au milieu, l'effet des hautes eaux s'aggrave par cette circonstance que le lit est fort encaissé; elles atteignent quelquefois une hauteur de 10 à 15 mètres. Dans le bas, la vallée s'élargit, la pente est plus douce; mais les crues sont encore formidables. Cependant le Lot arrose des départements riches en vins, en céréales et en produits forestiers : il touche presque les mines de houille de l'Aveyron; à Capdenac, il croise des chemins de fer qui rayonnent dans tous les sens. A vrai dire, la contrée que traverse cette rivière est si fertile que l'on a songé de tout temps à y créer une bonne voie navigable. Les Anglais, maîtres du Quercy au XIIIe siècle, s'en étaient occupés. Un peu plus tard, les états provinciaux firent construire des barrages que les guerres de religion empêchèrent de terminer. Colbert donna l'ordre d'établir entre Cahors et la Garonne vingt-quatre écluses qui maintenaient les eaux à un niveau dont la batellerie de l'ancien temps se pouvait contenter. Enfin de 1835 à l'époque présente, on a dépensé sur le Lot de 16 à 17 millions sans obtenir autre chose qu'une mauvaise voie dont le trafic insignifiant décroît chaque année; le prix du fret n'y est pas inférieur aux tarifs des chemins de fer. Tel est le résultat de grosses dépenses sur un cours d'eau que la nature avait fait rebelle aux améliorations.

Ceci est l'histoire de tous les affluents de la Garonne ou de la Dordogne. Ces deux cours d'eau, de même que les rivières qu'ils reçoivent, ne s'ouvrent à la batellerie que dans la partie inférieure de leur course, lorsque, sortis des terrains primitifs, ils coulent dans les belles plaines alluvionnaires de la Guyenne, dont la fertilité est proverbiale. Les canaliser plus haut serait une entreprise onéreuse et, qui plus est, inutile, parce que les montagnes où ces cours d'eau ont leurs sources, monts d'Auvergne, Cévennes ou Pyrénées, forment presque partout une barrière infranchissable.

Toutefois cette chaîne continue dont le bassin de la Garonne est entouré s'abaisse en quelques points, notamment vers l'orient; Riquet y a fait passer le canal du Midi, grâce auquel les bateaux franchissent maintenant le faîte séparatif de l'Océan et de la Méditerranée. Cette œuvre, admirable pour l'époque à laquelle elle fut conçue et exécutée, ne suffisait pas, la Garonne n'ayant elle-même qu'un mouillage trop irrégulier. Aussi prit-on, il y a quarante ans, le sage parti de creuser un canal latéral entre Castets et Toulouse. Par malheur, cette ligne d'eau continue, que quelques travaux peu coûteux suffiraient à rendre parfaite entre Bordeaux et Cette, est devenue stérile. La compagnie des chemins de fer du Midi, qui en a obtenu la concession, y maintient des tarifs prohibitifs. En Angleterre, la fusion des chemins de fer et des canaux est un mal fréquent, que le parlement s'est décidé trop tard à combattre. En France il n'y en a qu'un exemple; c'est celui-là : il suffit pour prouver que la concurrence des canaux est utile, et que, loin de renoncer à en créer de nouveaux ou à maintenir en bon état ceux qui existent, il est nécessaire au contraire d'en établir partout où la nature du sol s'y prête, partout où les courants commerciaux en réclament.

Si, dans le bassin de la Garonne, les rivières doivent s'employer en chutes d'eau et en irrigations plutôt qu'en voies navigables, à plus forte raison semble-t-il en être de même dans le petit bassin de l'Adour, dont les pentes sont encore plus rapides et les montagnes plus élevées. En effet, l'Adour, la Midouze, les Gaves, ne desservent qu'un trafic restreint et cessent d'être navigables à peu de distance de leur embouchure. Pourtant de Bayonne à Bordeaux s'étendent les vastes plaines des Landes, abondantes en richesses naturelles, dépourvues néanmoins de toute industrie parce que les moyens de transport leur manquent absolument. Faute d'écoulement, les eaux pluviales restent stagnantes, rendent le sol stérile, empoisonnent l'air. Faute de matériaux durs, il est impossible de construire des chemins empierrés. La partie des Landes que traverse le chemin de fer s'est enrichie dès que les habitants ont pu exporter les produits de leurs forêts ; au contraire la zone comprise entre le chemin de fer et la mer est toujours pauvre et insalubre, c'est ce qu'on appelle *le Maransin*. Au commencement de ce siècle, cette contrée était menacée encore par un autre fléau, par l'invasion des dunes de sable que le vent d'ouest poussait sans cesse vers l'intérieur des terres. Brémontier fit voir qu'on réussit à les fixer en y plantant des forêts de pins. Maintenant il faudrait assainir le pays et y créer des voies de communication. Un canal de navigation servirait à ce double usage. Aux États-Unis, les canaux ou les chemins de fer ont souvent précédé les émigrants dans les territoires riches que l'on voulait mettre en valeur : c'est précisément ce qu'il s'agirait de faire pour les Landes ; mais la dépense présumée de cette entreprise n'est pas inférieure à trente-deux millions. Est-ce bien le moment de se livrer à de pareils travaux ?

Nous arrivons au bassin du Rhône. Pour bien comprendre quel intérêt y présentent les voies navigables, il faut se rappeler que ce fleuve est le seul grand cours d'eau que reçoive la Méditerranée. Les fleuves de l'Italie ont une faible longueur, des allures torrentielles, et ne desservent même pas utilement la zone étroite comprise entre les Apennins et la mer. L'Espagne n'a que l'Èbre, qui s'arrête aux Pyrénées. Les rivières de la Grèce, dont les noms évoquent tant de souvenirs, ne sont pas capables de porter bateaux. Seul, le Rhône pénètre à l'intérieur des terres avec la Saône, qui en est le véritable prolongement géographique ; par les canaux qui lui font suite, il reçoit les productions de la Suisse, de la Belgique, de l'Allemagne occidentale. Près de son embouchure s'ouvre le principal port de la Méditerranée. Nulle part la navigation intérieure ne rencontrerait un ensemble de conditions plus favorables, si ce fleuve fougueux n'offrait lui-même entre Lyon et Arles des obstacles que la batellerie a peine à surmonter. Suivons de sa source à son embouchure ce long cours d'eau, qui descend presque en droite ligne des monts Faucilles à la Méditerranée.

La Saône prend naissance dans les Vosges ; sur une longueur de cent kilomètres et plus, ce n'est d'abord qu'une petite rivière à pente rapide, sujette à des crues violentes avec un débit d'étiage qui se réduit presque à rien. A Port-sur-Saône, ou elle commence à porter bateaux, la pente n'est plus que de 26 centimètres par kilomètre; un peu plus bas, le Doubs lui verse un volume d'eau considérable; elle reçoit à gauche le canal du Rhône au Rhin, à droite le canal de Bourgogne et le canal du Centre; puis la pente kilométrique s'atténue encore au point de ne plus être que de 4 centimètres : la Saône en cette partie de son cours ressemble à un lac plutôt qu'à une rivière. A peu de distance de Lyon, la vitesse s'accroît un peu, et enfin cette belle rivière rejoint le Rhône, qui, tout au contraire de son paisible affluent, descend de la frontière suisse à Lyon dans un lit rapide et encombré de rochers.

Bien que le débit des crues soit encore trop considérable, la Saône est de ces rivières que l'on rend navigables à peu de frais. Les ouvrages exécutés dans cette intention consistent en barrages mobiles avec écluses qui y ont aussi bien réussi que sur la Seine et l'Yonne. Les ingénieurs ont en vue d'obtenir un mouillage de deux mètres, de Port-sur-Saône à Lyon, même par les plus basses eaux; ils y arriveront assurément. L'importance de la batellerie justifie les dépenses faites pour cet objet: en effet, au-dessous de Saint-Jean-de-Losne, où débouche le canal de Bourgogne, le trafic s'élève déjà à près de 400,000 tonnes kilométriques, quoique les bateaux aient encore quelques passages difficiles à franchir. Entre Chalon et Lyon, le taux du fret varie de un et demi à deux centimes par kilomètre; il y était de six centimes avant la construction des chemins de fer. La comparaison de ces chiffres ne démontre-t-elle pas mieux que tout raisonnement de quel profit la concurrence des moyens de transport est pour le consommateur?

En aval de Lyon, la situation change. D'abord la pente s'élève à 55 centimètres; le débit d'étiage se soutient assez bien, car il n'est pas inférieur à 200 mètres cubes, mais le débit des crues qui atteint 7,000 mètres dans le haut est du double auprès d'Arles. En outre le fleuve coule dans un lit de graviers tellement mobiles que l'échouage d'un bateau suffit quelquefois à déplacer le chenal navigable sur une grande longueur. Puis il y a pour le moins trois mois de chaque année pendant lesquels la navigation s'arrête tout à fait à cause des brouillards ou des glaces, des basses eaux ou des crues.

En résumé, trop de vitesse, un lit mobile, un débit fort inégal, des chômages fréquents, voilà ce que le Rhône est pour les mariniers. L'art des ingénieurs semble être impuissant contre de telles imperfections. « Dans ces conditions, comme le remarque avec sagacité M. Krantz, on a affaire non plus à un seul, mais à plusieurs cours d'eau qui se succèdent dans le même emplacement avec des vitesses et des volumes différents. Les dispositions qui conviennent à l'un des états du fleuve conviennent rarement aux autres; ce que les uns avaient respecté, les autres le détruisent ou ont tendance à le détruire. »

L'administration des travaux publics a néanmoins dépensé beaucoup de millions sur le Rhône, d'abord pour défendre les berges contre les érosions et protéger les villes riveraines contre les inondations, ensuite, surtout depuis 1860, pour améliorer la voie navigable. On n'a pas osé toutefois y construire des barrages mobiles, qui rendent tant de services sur les rivières du nord. Le but que l'on s'est proposé est d'établir en temps de sécheresse un mouillage de 1^{m},60 qui ne donnerait pourtant qu'un tirant d'eau utile de 1^{m},20 pour les bateaux, à cause de la vitesse du courant. Malgré tant d'obstacles, le Rhône transporte encore trois cent mille tonnes kilométriques, dont les deux tiers en descente ; avant les chemins de fer, le trafic était double. Le prix du fret est fort élevé, surtout à la remonte. La navigation ne s'opère qu'avec des bateaux longs et plats que mènent des mariniers habitués de longue date aux difficultés de ce voyage. Il est même permis de s'étonner que le fleuve soit encore si fréquenté; on ne peut se l'expliquer que par l'insuffisance trop connue du chemin de fer parallèle.

A partir d'Arles, la situation s'améliore beaucoup; c'est le Rhône maritime avec une pente insensible et un débit d'étiage bien soutenu. Le mouillage naturel dépasse deux mètres. Aussi les navires de mer y pénètrent-ils. Plus près de l'embouchure, le courant fluvial disparaît presque, tant le lit est large, et la profondeur varie de six à neuf mètres. Seulement le Rhône, dont les eaux troubles sont très-chargées d'alluvions, apporte chaque année à la mer des millions de mètres cubes de détritus qui se déposent sur le littoral en formant une barre que les navires calant trois mètres ne peuvent plus franchir. Que faire pour ouvrir un chenal à travers cette barre? Il y a vingt-cinq ans, M. Surell proposa de fermer les bras secondaires afin de concentrer le courant dans le bras principal, et d'endiguer celui-ci afin d'y accroître la vitesse de l'eau. C'est, on le voit, la solution admise plus tard sur les fleuves qui débouchent dans une mer à marée, sur la Seine, sur la Loire, sur la Gironde. Ces travaux s'exécutèrent; ils n'eurent d'autres résultats que de déplacer la barre, qui s'avançait peu à peu vers la mer à mesure que les digues se prolongeaient, en se maintenant toujours à la même profondeur ou à peu près. Tout au plus le mouillage augmentait-il après les grandes crues, qui opéraient une sorte de chasse dans ces bancs mobiles. Enfin, le remède étant décidément inefficace, on résolut d'ouvrir un canal latéral entre la tour Saint-Louis, à huit kilomètres au-dessus de la barre, et la rade de Fos. Ce canal, dont la longueur n'est que de quatre kilomètres, aboutit dans un golfe tranquille où les atterrissements ne sont pas à redouter. Destiné à recevoir des navires de gros tonnage, il a d'ailleurs des dimensions tout autres que nos canaux intérieurs. Ajoutons seulement que cette entreprise, peu considérable en elle-même, s'est vue ralentie par l'insalubrité du pays. Au milieu des marais infects et des terres incultes de la Camargue, les ouvriers étaient victimes des fièvres paludéennes, ce qui prouve une fois de plus que les ingénieurs ont souvent à tenir compte dans leurs projets de difficultés fort étrangères à leurs préoccupations habituelles.

Le canal Saint-Louis méritait d'être cité dans cette étude, non-seulement parce qu'il ouvre à peu de frais le Rhône maritime à la grande navigation, mais surtout parce que c'est une solution particulière du problème très-complexe de l'amélioration des embouchures, solution qui n'est pas nouvelle, au surplus : les anciens l'avaient appliquée à Alexandrie, ville fondée en dehors du delta et reliée au Nil par un canal. De même à l'embouchure du Tibre, le port d'Ostie étant envahi par les sables, l'empereur Claude en avait creusé un autre qu'une dérivation faisait communiquer avec le fleuve; mais ce nouveau port et sa dérivation s'ensablèrent aussi par la suite des siècles. Enfin, à l'embouchure même du Rhône, cent trois ans avant Jésus-Christ, Marius avait fait creuser par ses soldats un canal allant d'Arles au golfe de Fos ; peut-être fut-ce la cause déterminante de la grande prospérité de cette ville qui devint ainsi et resta jusqu'au douzième siècle le principal port des côtes de Provence. A son tour, le canal de Marius fut comblé par les dépôts du fleuve, soit peu à peu, soit tout d'une fois par quelque grande crue. Vauban d'abord et Bélidor ensuite, deux grandes autorités en matière de travaux publics, avaient déclaré que les embouchures du Rhône étaient incorrigibles et conseillé de rouvrir le canal de Marius. En 1802 en effet, le gouvernement commença le canal d'Arles à Bouc, dont les événements interrompirent l'exécution, et qui ne fut achevé que trente ans plus tard. Alors les circonstances avaient changé ; la navigation à vapeur, dont on voyait les débuts, ne pouvait se contenter des écluses de l'ancien modèle. A peine achevé, le canal d'Arles à Bouc s'est trouvé insuffisant, si bien qu'il a fallu le doubler par le canal Saint-Louis.

Cet interminable récit des travaux exécutés aux bouches du Rhône depuis vingt siècles inspirera peut-être quelques doutes sur l'avenir de la navigation artificielle. Pourquoi, dira-t-on, se mettre en frais de travaux si coûteux, puisque l'œuvre de la veille est à recommencer le lendemain dans d'autres conditions ? Il y en a bien d'autres exemples en France : témoin nos divers canaux intérieurs dont on ne trouve plus les écluses assez larges ni le mouillage assez élevé, et que l'on parle déjà de remanier de fond en comble. Il ne faudrait pas cependant se laisser arrêter par cette objection. Lorsqu'une œuvre nouvelle présente une utilité certaine, par exemple, lorsqu'un canal est assuré d'un trafic considérable, les bénéfices que le commerce en retire sont en général assez importants pour que le coût de premier établissement soit en quelque sorte amorti avant que des travaux plus perfectionnés deviennent nécessaires.

Ainsi, pour en revenir à la navigation actuelle du bassin du Rhône, on peut résumer ce qui précède en disant que les bateaux trouveront prochainement dans la Saône, depuis le débouché des canaux qu'elle reçoit dans le haut de son cours jusqu'au confluent de Lyon, la profondeur de 2 mètres avec des écluses d dimensions au moins égales à celles des meilleure voies navigables, que d'Arles à Bouc, par le cana Saint-Louis, les navires de mer circuleront avec la même facilité, par conséquent pourront échanger leurs chargements avec les bateaux de rivière, mais que d'Arles à Lyon le fleuve reste indomptable, et qu'en raison de la faiblesse du tirant d'eau et des autres obstacles naturels cette portion du Rhône ne recevra jamais les péniches de gros tonnage au moyen desquelles la batellerie lutte avec succès contre les chemins de fer. En outre les lourds bateaux de rivière, plats et non pontés, que l'on ne se hasarderait pas à lancer en pleine mer même pour une courte traversée, ne peuvent dépasser le Rhône maritime. Qu'un chargement soit expédié de Paris à Marseille par eau, il faut nécessairement le transborder d'abord à Lyon sur les bateaux du Rhône, puis une seconde fois à Saint-Louis sur un navire de mer. De telles solutions de continuité nuisent à la vitesse et au bon marché ; elles réduisent dans une proportion difficile à évaluer en chiffres la puissance économique de cette grande artère.

Marseille y perd beaucoup assurément ; mais notre réseau de navigation intérieure n'y perd guère moins.

Creuser un canal de Bouc à Marseille sera au fond une petite affaire dès que de grands intérêts le réclameront. Ce canal, tracé le long du littoral à trois mètres au plus au-dessus du niveau de la mer, puiserait dans la Méditerranée au moyen de pompes à vapeur son eau d'alimentation. La dépense n'en serait, paraît-il, que d'une dizaine de millions. Au contraire le canal latéral au Rhône, qu'il faudrait ouvrir entre Lyon et Arles, faute de pouvoir améliorer le fleuve, est une œuvre considérable. Il y a longtemps déjà que les ingénieurs s'en sont occupés. Un projet entre autres, dressé sous la Restauration par M. Cavenne avec un soin minutieux, avait reçu l'approbation du conseil général des ponts et chaussées. Ce canal devait suivre la rive gauche, desservir les villes de Vienne, Valence, Montélimar, Avignon, et rejoindre le port de Bouc après un parcours de 318 kilomètres ; la chute de 150 mètres était rachetée par 58 écluses.

Maintenant les conditions sont changées ; la rive gauche possède un chemin de fer qui lui suffit, car la population y est surtout agricole. La rive droite est au contraire plus industrielle. Les usines de Rive-de-Gier, d'Annonay, de La Voulte, du Pouzin, les mines de Privas, les fours à chaux du Theil, réclament des transports à bon marché. Les montagnes de l'Ardèche, qui descendent jusqu'au Rhône, semblent ne laisser le long du fleuve aucune place pour un canal; à cela on répond que les terrassements et les souterrains sont devenus des ouvrages d'une exécution facile et rapide depuis que l'on a construit tant de chemins de fer. De ce côté, les affluents sont de simples ruisseaux ; sur l'autre rive, ce sont de puissants cours d'eau que l'on ne franchirait que par des ponts-aqueducs de dimensions considérables. Il y a de plus à considérer qu'un canal établi sur la rive droite fournirait de l'eau en abondance aux environs de Nîmes pour les irrigations, aux usines de toute cette région industrieuse, qui transformeraient les chutes en force motrice. Ce Rhône artificiel, roulant paisiblement ses eaux à 20 ou 30 mètres au-dessus de l'autre, servirait aux transports, alimenterait les industries les plus diverses et livrerait à l'agriculture vers son extrémité inférieure les eaux qu'il aurait en excès. Voilà bien des motifs pour mettre ce canal latéral au premier rang des œuvres utiles; mais quel en sera le coût? M. Krantz n'ose l'évaluer à moins de 300,000 francs par kilomètre, soit le double à peu près du prix de revient d'un canal ordinaire. Ce serait donc une dépense totale d'à peu près 90 millions, et encore paraît-il probable que la dépense s'élèverait beaucoup plus haut. Qui l'entreprendra ? L'État, les départements riverains ou une compagnie concessionnaire ? Ce ne serait pas trop du concours de tous les intéressés pour une œuvre de cette importance. Que l'on suppose encore les travaux d'amélioration achevés sur la Saône, l'Yonne et la Seine, le canal de Bourgogne approfondi au mouillage de 2 mètres que demande la batellerie, il existerait alors de Marseille à Paris et au Havre, de la Méditerranée à la Manche, une voie fluviale d'un parcours rapide et régulier, d'une capacité que les chemins de fer, encombrés par les trains de voyageurs, n'atteindront jamais.

L'industrie des transports n'aurait plus à craindre les crises périodiques qu'engendrent à certaines époques l'arrivage des blés à Marseille et l'abondance des produits vinicoles dans le Midi, crises qui suscitent une gêne universelle, comme on le vit pendant le deuxième semestre de 1871. Est-ce à dire cependant que les compagnies de chemins de fer, dont la prospérité ne saurait être compromise sans inconvénient, se verraient enlever une forte part de leurs bénéfices par la concurrence des voies navigables ? C'est invraisemblable ces compagnies y perdraient sans doute le trafic encombrant auquel elles ne peuvent suffire en ce moment ; elles y gagneraient, par l'accroissement de leur clientèle en voyageurs et en marchandises de valeur, sur lesquelles elles prélèvent des taxes élevées. On a déjà dit quelle est, dans l'industrie des transports, la puissance de détournement des voies navigables. Voici d'autres chiffres qui en rendent encore témoignage. Le fret par navire à vapeur est de 25 à 30 francs la tonne entre Marseille et l'Angleterre par le détroit de Gibraltar ;

il ne peut descendre au-dessous de 40 francs par chemin de fer entre Marseille et Le Havre : aussi le trafic de transit à travers la France est-il insignifiant, tandis qu'un bateau bondé d'un plein chargement à Marseille pour Le Havre, s'il pouvait accomplir ce trajet sans arrêt ni transbordement, aurait, suivant toute apparence, le double avantage de la vitesse et du bon marché sur la navigation maritime. Ce serait alors que notre beau port de la Méditerranée deviendrait réellement l'entrepôt de l'Europe occidentale.

Le bassin du Rhône communique avec la Loire par le canal du Centre, avec la Seine par le canal de Bourgogne, et ces canaux deviendront à peu de frais, par l'accroissement du mouillage, l'élargissement des écluses et quelques créations de nouveaux réservoirs d'alimentation, aussi parfaits que l'exige l'industrie actuelle des transports. Il communique encore avec l'Alsace par le canal du Rhône au Rhin, œuvre de nos ingénieurs, dont il ne nous reste plus qu'un tronçon. Il lui manquait d'être prolongé au nord vers la Flandre et la Belgique ; une loi votée en 1874 a comblé cette lacune en décrétant l'ouverture d'un canal parallèle à la nouvelle frontière entre la Saône, la Moselle et la Meuse. Cette nouvelle voie part de Port-sur-Saône, s'élève au moyen d'écluses sur le faîte très-déprimé des monts Faucilles, descend dans la vallée de la Moselle, se rattache à Épinal et à Nancy par des embranchements, emprunte de Toul à Troussey le canal de la Marne au Rhin, et se continue enfin par la Meuse canalisée jusqu'à la frontière de Belgique. La longueur en est de 500 kilomètres et le devis de 65 millions; c'est donc comme étendue et comme dépense une œuvre supérieure à toute entreprise de cette nature que l'on ait conçue depuis trente ans et plus.

En réalité, il s'agit surtout en cette affaire de réparer les désastreux effets des traités de 1871, qui ont mutilé notre territoire. Les forges de la Basse-Moselle avaient pris un tel développement en quelques années, qu'elles fournissaient la cinquième partie de ce que la France produit de fer et de fonte; elles sont devenues prussiennes : d'autres hauts fourneaux se créeront dans le haut du bassin de la Moselle dès que des voies de transport perfectionnées en faciliteront l'accès. De même les salines de Saint-Nicolas remplaceront celles de Dieuze, si des canaux leur amènent le combustible et permettent d'exporter leurs productions. Le bassin houiller de Sarrebruck appartient tout entier à l'Allemagne; l'exploitation en est au surplus trop irrégulière pour que le commerce s'en contente; il faut amener à bas prix les charbons du nord. Enfin les établissements industriels de l'Alsace se reconstituent pour nous sur le versant occidental des Vosges, et réclament des transports économiques La nouvelle artère navigable aura donc une clientèle locale de grande importance, en outre du transit des marchandises entre le nord et le midi de la France

Appuyée sur les places fortes de Belfort, Épinal, Toul, Verdun, Mézières, elle servira même de ligne de défense dans le cas d'une autre guerre d'invasion.

CHAPITRE IX

L'AVENIR DE LA NAVIGATION INTÉRIEURE.

Il existe, on l'a vu, des types d'écluse fort dissemblables sur nos divers canaux ou sur nos rivières canalisées. Sans compter le canal du Berry, dont les dimensions ont été réduites avec intention, par mesure d'économie, les écluses varient en largeur de $4^m,20$ à 6 mètres suivant les voies navigables, de 20 à 50 mètres en longueur. Le mouillage n'est pas plus constant ; il atteint 2 mètres sur quelques lignes et s'abaisse ailleurs au-dessous de $1^m,50$. Les grands bateaux, dont l'usage serait économique, ne peuvent circuler partout. La question est d'une haute importance. Dans un canal dont la profondeur est de $1^m,60$, un bateau s'enfonce de 40 centimètres à vide, de $1^m,40$ avec plein chargement ; l'enfoncement utile est donc de 1 mètre. Si la profondeur est de 2 mètres, l'enfoncement total peut atteindre $1^m,80$ sans que le tirant d'eau à vide s'accroisse sensiblement, c'est-à-dire que le mouillage de 2 mètres permet d'augmenter le chargement de 35 pour 100 environ sans que le marinier ait à payer en plus autre chose qu'un léger surcroît de frais de traction. Toutefois on ne peut agrandir d'une façon démesurée les dimensions des canaux; il en résulterait de trop fortes dépenses d'établissement ou des difficultés d'alimentation. Tout considéré, on se propose maintenant d'adopter partout le type des bons canaux du nord, soit 5m,20 sur 40 mètres au moins pour les écluses et 2 mètres pour le mouillage. Dans ces conditions, qui permettent à la batellerie d'employer des péniches ayant une capacité utile de 250 à 300 tonnes, les transports se font avec économie, l'expérience le prouve. Cependant sur les rivières un peu larges, où la place et l'alimentation ne font jamais défaut, il est bon de doubler, lorsqu'on le peut sans trop de frais, les dimensions des écluses, en sorte que plusieurs bateaux les franchissent en même temps.

Il faut de nouveaux réservoirs sur les canaux à point de partage afin de mieux assurer l'alimentation, par quoi l'on évitera les chômages prolongés, qui, dans la situation actuelle, arrêtent parfois la batellerie pendant des mois entiers. Il convient d'établir des ports partout où le commerce en réclame, de les relier aux gares des chemins de fer en vue de favoriser les transports mixtes à bas prix, de les garnir d'un outillage perfectionné qui permette une prompte manutention des marchandises. Le halage, abandonné presque partout à l'industrie privée, se fait tantôt par des chevaux, tantôt à bras d'hommes, sans que le marinier soit toujours certain de trouver à un prix raisonnable le moteur dont il a besoin : il est indispensable de l'organiser. Telles sont les principales améliorations que réclament les voies navigables que nous possédons déjà; tant pour les canaux que pour les rivières canalisées, on en évalue la dépense à 151 millions sur l'ensemble du réseau.

En ce qui concerne les voies nouvelles dont l'objet est de compléter les grandes artères de la navigation, on peut tout au moins en dresser ainsi qu'il suit le devis approximatif. Laissant de côté la ligne de la Saône à la Meuse, que les départements de l'Est, réunis en syndicat, subventionnent par une combinaison financière dont il sera question tout à l'heure, le bassin de la Seine réclame une somme de 54 millions, tant pour ouvrir un canal de grande ceinture autour de Paris que pour donner à la Seine un mouillage de 3 mètres entre Paris et Rouen. Il y a 101 millions à dépenser dans le bassin de la Loire pour les deux lignes principales d'Orléans à Redon avec embranchement sur Tours, et de Saint-Amand à Chalonnes, — 95 millions dans le bassin du Rhône pour les travaux projetés de Lyon à Arles et de Bouc à Marseille. Il faudrait réserver une trentaine de millions au réseau navigable, d'une utilité moins apparente, des landes de Gascogne, entre Bordeaux et Bayonne. Il s'agit donc en somme de 285 millions pour ces voies nouvelles, soit 436 millions pour l'ensemble.

Ce n'est pas tout: des travaux moins urgents, au nombre desquels figure la ligne de la Loire à la Garonne, réclameront bientôt un autre demi-milliard sans compter les incertitudes habituelles des devis, sans faire la part non plus des entreprises en cours d'exécution, qui absorberont au moins les crédits ordinaires du budget pendant plusieurs années. Cependant, en comparaison des 8 ou 10 milliards que notre pays a consacrés à l'établissement des chemins de fer depuis une trentaine d'années, ces prévisions de dépenses n'ont rien d'effrayant. Il y a seulement cette différence, que les chemins de fer ont eu le concours de l'industrie privée; ils ont fait l'objet de concessions à des compagnies que le gouvernement aide de ses subventions ou soutient de son crédit. L'habitude en est si bien prise qu'il se trouve toujours des concessionnaires, même pour les lignes dont le succès financier est le moins certain. Il existe en faveur des *railways*, de la part des capitalistes, un engouement que la prospérité des principales compagnies explique sans le justifier, tandis que les canaux n'inspirent que du dédain ou de la défiance. Il y a bien quelques canaux concédés, le canal de Beaucaire, celui de la Sambre à l'Oise, d'autres encore d'un moindre développement ; ce sont des entreprises restreintes, en général peu florissantes. Au surplus, si l'on veut demander surtout aux voies navigables de modérer les tarifs des chemins de fer par une sage concurrence, ne serait-ce pas imprudent d'en abandonner la propriété à des compagnies qui aimeront mieux se coaliser avec leurs rivales que de leur faire la guerre? Les chemins de fer concédés subsistent en France sous un régime mixte qui n'est ni la liberté du commerce ni le monopole exclusif. Les étrangers s'accordent à reconnaître que nous avons su tempérer par un contrôle efficace de l'État les abus que les concessions privilégiées ont suscités en d'autres pays. Il y a d'ailleurs entre les chemins de fer et les canaux cette différence capitale, que les uns ne sauraient être exploités que par un entrepreneur unique, tandis que les autres restent livrés aux hasards de l'exploitation individuelle. Le même mode de concession ne convient pas dans les deux cas. Il reste à trouver pour les canaux un régime financier qui permette d'en poursuivre l'exécution avec célérité sans compromettre les résultats que le public en doit attendre.

La ligne de la Saône à la frontière de Belgique, récemment décrétée afin de rendre à la région de l'est les voies navigables que la guerre lui a fait perdre, montre comment l'intérêt local peut accélérer l'achèvement d'œuvres qui lui sont utiles. Cette longue ligne traverse, sur un parcours de 500 kilomètres, cinq départements, Ardennes, Meuse, Meurthe-et-Moselle, Vosges et Haute-Saône. Le devis s'élève à 65 millions ; les travaux devaient se terminer aisément en huit années, si l'argent ne faisait pas défaut. Quelque avantageux que le canal d'entre Saône-et-Meuse soit pour le pays tout entier, nul n'aurait osé garantir que des allocations budgétaires d'un chiffre suffisant seraient accordées à cette entreprise huit années durant. Sur ce, les cinq départements intéressés offrirent d'avancer à l'État le montant total du devis, à la condition que cette somme serait remboursée en vingt-huit ans avec un intérêt modique de 4 pour 100; mais les départements empruntent eux-mêmes à un taux d'intérêt supérieur. Pour couvrir la différence, ils percevront à leur profit, dès que le canal sera livré à la batellerie, un péage de 5 millimes par tonne kilométrique. On a calculé qu'un trafic de 460,000 tonnes suffirait à les indemniser de toute perte : or le trafic ne peut manquer de dépasser ce chiffre dès les premières années de l'exploitation sur une voie navigable située dans des conditions si favorables. L'opération est bonne pour les départements, qui s'assurent, au prix d'un risque insignifiant, la jouissance immédiate d'un instrument de transport perfectionné. Est-elle également bonne pour l'État, qui paiera en définitive, intérêts et amortissement compris, presque le double de ce que les travaux auront réellement coûté ? Si ce n'est peut-être pas évident à première vue, on ne le contestera plus en réfléchissant que l'État retire des profits indirects, parfois très-considérables, de toutes les améliorations exécutées en France. L impôt, par ses formes multiples, ramène au trésor public le plus clair des bénéfices que donne au commerce et à l'industrie toute œuvre nouvelle. Le fisc est un associé inévitable dans toutes les affaires privées ou publiques. C'est ainsi que l'on a prouvé par des statistiques fort exactes que le gouvernement reçoit chaque année des chemins de fer une somme bien supérieure à l'intérêt des subventions que les compagnies ont obtenues de lui.

Il est à peine besoin de faire observer que cette forme d'association entre l'État et les localités intéressées pour l'exécution prompte des travaux d'utilité publique n'est pas chose nouvelle. Dunkerque, Bordeaux, Le Havre, y ont eu recours pour l'agrandissement de leurs ports; plus récemment, l'assemblée nationale a autorisé le ministre de la guerre à conclure des traités de même nature avec les villes de garnison pour la construction des casernes. Ce que les départements de l'Est ont fait pour le canal qui les traverse peut se renouveler en d'autres régions de la France, sauf à modifier suivant les circonstances le taux et la durée de l'amortissement. Ainsi s'exécuterait assez rapidement le vaste réseau de voies navigables que nous avons esquissé sans que le budget en fût trop surchargé. Le concours des intéressés, départements, villes ou particuliers, démontrerait au surplus de la façon la moins équivoque que les travaux projetés sont vraiment utiles. Ce serait une garantie contre les entraînements et les influences qui prédominent trop souvent en pareille matière. Les canaux, demeurant propriété publique, seraient ouverts à tous contre paiement d'un péage modéré; ils deviendraient, comme on le désire, un frein contre le monopole des chemins de fer, dans les contrés où ceux-ci abusent de leur privilége; ailleurs ils suppléeraient à l'insuffisance des *railways*, dont les industries de transport se plaignent parfois avec raison.

Cependant c'est en faveur de l'exécution directe par l'État, sauf concours bénévole des départements, des villes ou des chambres de commerce, que se sont prononcés les pouvoirs publics pour les projets de grande importance qui ont été votés en 1878. Ces projets sont conçus en vue d'ouvrir une communication fluviale continue entre la Manche et la Méditerranée; ils comprennent trois parties distinctes : établir un mouillage de 3 mètres entre Rouen et Paris, compléter les barrages de la Haute-Seine et approfondir à 2^{m},20 le canal de Bourgogne, resserrer le lit du Rhône entre des digues submersibles de façon à y maintenir un niveau de 1^{m},60 au moins à l'étiage. Quelques détails sur chacun de ces projets ne seront pas superflus, parce qu'on y verra quelles idées prévalent décidément chez les ingénieurs.

Le mouillage de 3 mètres entre Rouen et Paris semble être une anomalie au milieu d'autres voies navigables que l'on n'a pas la prétention d'approfondir à plus de 2^{m},20. C'est que Paris justifie bien une exception. La navigation entre la capitale et l'Océan aura toujours une activité plus grande que sur toute autre ligne. On veut avec raison que des bateaux à vapeur, capables de tenir la mer, puissent arriver jusqu'aux quais de Paris. On y tient à tel point que, sur la demande du Conseil municipal, il a été décidé que cette hauteur d'eau serait maintenue jusqu'en amont des fortifications, malgré les obstacles nombreux que présente le fleuve dans cet endroit encombré de ponts et resserré entre deux murs de quais continus.

La dépense prévue est de 32 millions pour la Basse-Seine et de 10 millions 1/2 pour la traversée de Paris.

Entre Paris et la Saône, il faut construire quelques nouveaux barrages éclusés sur la Seine et l'Yonne, et de plus creuser le canal de Bourgogne, en remanier les écluses, construire près du bief de partage de nouveaux réservoirs, afin que l'alimentation soit assurée en toutes saisons malgré les besoins croissants d'une circulation plus active. Tous ces travaux rentrent dans le programme qui a été développé précédemment. Le devis en est fixé à 20 millions.

On ne parle pas de l'amélioration de la Saône depuis l'embouchure du canal de Bourgogne jusqu'à Lyon. Les projets qui s'y rapportent ont été votés en même temps que le canal de l'Est dont ils forment le prolongement.

Quant au Rhône, de Lyon à Arles, c'est une tout autre affaire. Le canal latéral est décidément abandonné, par le motif que le prix en serait trop élevé et que, placé sur la rive droite, les populations de la rive gauche n'en retireraient aucun profit. Les ingénieurs, avec l'assentiment du Conseil général des ponts et chaussées, dont personne ne conteste la haute compétence, s'en tiennent au système de travaux essayé depuis 1860 et qui consiste en digues latérales de faible élévation. Ces digues ne sont pas continues ; on ne les construit que dans les parties où le fleuve présente des bas-fonds. Elles forment une sorte de lit mineur dans lequel se réunissent les eaux en temps de sécheresse. Survient-il une inondation, la crue passe par-dessus, s'étale dans le lit tout entier sans rencontrer aucun obstacle. Il n'est pas encore bien certain que le résultat voulu sera réalisé sur toute la longueur dont il s'agit; peut-être quelques endroits exigeront-ils absolument la construction de barrages éclusés, malgré les dangers que ceux-ci présentent sur un fleuve si impétueux. Du moins les digues ont l'avantage de donner avec de moindres dépenses un régime à peu près satisfaisant; on en essaiera partout où le besoin s'en fait sentir, depuis Lyon jusqu'à Arles, où commence le Rhône maritime. La dépense prévue est de 45 millions.

Enfin, lorsqu'a été décidée la construction du canal de l'Est, le crédit de l'État était encore chancelant ; l'avance de fonds proposée par un syndicat de cinq départements a paru être un emprunt approprié aux circonstances. En 1878, il n'en était plus de même. Le gouvernement se procure lui-même les millions nécessaires pour achever ces grands travaux.

La construction des chemins de fer aura été sans

contredit la grande œuvre du XIXe siècle. La génération présente s'est vouée à cette immense entreprise avec une ardeur que justifiait bien l'utilité de ce précieux instrument. Pour les voyageurs, pour les marchandises de valeur, pour l'approvisionnement quotidien des villes, rien ne saurait remplacer les chemins de fer. En est-il de même pour les marchandises encombrantes ? Il est clair que cela n'est pas, puisque les canaux s'en chargent à un prix moindre de moitié. Pour faire voir ce que sont ces matières encombrantes, ne citons que les houilles, les minerais et les matériaux de construction ; quiconque sait quelles masses sortent en France des mines et des carrières comprendra quel est le rôle économique des voies navigables. On ne peut mieux terminer ce qui vient d'être dit qu'en citant les dernières phrases du plaidoyer que M. Krantz a écrit en faveur des canaux : « Ainsi, malgré la révolution économique amenée par l'invention des chemins de fer, les voies navigables apparaissent encore de nos jours comme l'instrument par excellence pour le transport des matières encombrantes. Puissance presque indéfinie, services à bas prix, elles se recommandent par ces précieuses qualités, et aussi par ce fait qu'elles ne sauraient porter à la prospérité actuelle des chemins de fer d'irrémédiables atteintes. »

La France ne se laissera pas devancer par d'autres nations dans les travaux de canalisation. Non-seulement son industrie en aurait souffert, car les transports à bon marché sont l'un des éléments essentiels des grandes opérations commerciales ; bien plus, c'eût été un aveu d'insouciance ou d'incapacité, puisque nul territoire n'est aussi propice que le nôtre à la navigation intérieure. Où trouver ailleurs, à surface pareille, tant de cours d'eau s'écoulant en des sens divers, des rivières mieux alimentées, plus dociles à l'art des ingénieurs, entre les bassins fluviaux. des faites plus faciles à franchir, aux sources des ruisseaux des montagnes moins escarpées? Sans doute la Loire roule trop de sable, le Rhône a trop de fougue, la Seine déborde trop souvent; mais nos fleuves soutiennent à leur avantage la comparaison avec ceux des contrées voisines. C'est que notre sol a le relief qui convient pour que les eaux conservent presque partout une vitesse d'écoulement utile. Veut-on s'en rendre compte, que l'on imagine une plaine basse, comme celle de la Hongrie ou de la Russie centrale, en place de l'Auvergne et du Limousin, la Loire divaguerait au milieu des marécages comme la Theiss ou le Dniéper; que l'on remplace au contraire le plateau de la Brie ou les terrains mamelonnés de la Champagne par une petite Suisse aux flancs abrupts, Paris y gagnerait en pittoresque, mais ce ne serait pas une grande capitale, car la Seine deviendrait un torrent impétueux après quelques jours de pluie. Et de même pour chacun de nos fleuves et pour chacune de nos rivières : les défauts qu'on leur reproche se montrent à nos yeux en d'autres pays amplifiés au point d'être des vices irrémédiables.

De tous les phénomènes naturels dont nous avons ici-bas la jouissance inconsciente, il n'en est pas de plus admirable ni de plus utile que la circulation des eaux entre la terre et l'atmosphère. Les vapeurs que la chaleur solaire fait surgir de l'Océan, chassées par les vents, viennent s'épandre en pluies sur les montagnes; de là, les eaux redescendent suivant la pente du sol jusqu'à la mer, d'où elles étaient sorties. L'homme ne commande ni à la chaleur solaire ni aux vents; sa puissance ne va pas jusque-là; mais les eaux courantes lui appartiennent; à lui d'en disposer pour son plus grand profit. Nous nous en sommes bien peu servis jusqu'à ce jour en comparaison de ce que donnerait une exploitation intelligente. Soit comme force motrice pour l'industrie ou comme moyen d'irrigation pour l'agriculture, ou comme instrument de transport, l'eau crée la richesse partout où elle passe. Ce sera pour les générations futures une œuvre non moins considérable que l'ont été les chemins de fer pour la génération actuelle d'aménager pour ces divers usages les ruisseaux, les rivières et les fleuves qui sillonnent notre territoire.

NOTE

Comme les pages qui précèdent s'imprimaient, le *Journal officiel* a publié un rapport du ministre des travaux publics, M. de Freycinet, au président de la République, qui a précisément trait à l'emploi des eaux courantes. Il est à propos de citer quelques phrases de ce rapport :

Paris, le 4 septembre 1878.

« Monsieur le Président,

« Les études prescrites par les décrets des 2 et 15 janvier dernier, en vue de l'achèvement de nos voies de communication, sont aujourd'hui arrivées à leur terme. Déjà un projet de loi sur le classement du réseau complémentaire des chemins de fer d'intérêt général a été déposé ; deux autres projets, relatifs aux chemins de fer d'intérêt local et aux voies ferrées établies sur routes, l'ont été également. Le projet de loi sur le classement général des voies navigables est prêt ; divers projets concernant nos prin-

12

cipaux ports de commerce le seront incessamment; les uns et les autres pourront être soumis aux Chambres dès leur rentrée.

« Le moment me semble donc venu d'aborder un nouveau sujet d'études, qui forme le complément naturel du programme des travaux publics; je veux parler de l'aménagement et de l'utilisation des eaux, au double point de vue agricole et industriel.

« Cette question a depuis longtemps préoccupé mes prédécesseurs. Une commission supérieure avait même été nommée en octobre 1877, mais pour des raisons diverses elle n'a jamais été réunie. Je crois qu'il conviendrait de la reconstituer et de lui assigner un programme net et déterminé.

« A mon sens, les principaux objets que la commission devrait envisager sont les suivants :

« Irrigations, colmatage des terres, submersion des vignes;

« Desséchements et assainissement;

« Alimentation des villes en eau potable;

« Emploi des eaux d'égout et des liquides industriels;

« Création de réservoirs, en vue d'aménager les eaux ou de les empêcher de nuire;

« Moyens de prévenir ou de restreindre les inondations;

« Utilisation des forces hydrauliques.

« Tout d'abord, une remarque essentielle est à faire par la nature des prochaines études de cette commission. Celle-ci ne paraît point destinée, comme les commissions régionales pour les voies de transport, à aboutir immédiatement à un programme technique, réalisable au gré de l'État. Deux raisons s'y opposent. D'une part, beaucoup de travaux rentrant dans la catégorie de ceux qui viennent d'être énumérés ne sont point entrepris par l'État ou sous son impulsion directe; ils nécessitent l'initiative des associations ou des particuliers. D'autre part, les obstacles que rencontre leur exécution ne sont point seulement d'ordre technique; ils sont aussi d'ordre légal ou administratif.

. . . .

« La première question qui me paraît donc s'imposer aux méditations de la commission est celle de savoir quelles modifications il conviendrait d'apporter à la législation ou aux règlements existants pour faciliter l'exécution d'entreprises reconnues utiles à l'intérêt général. Une fois cette question vidée, la commission pourrait à son tour tracer un programme à l'administration, en l'invitant à faire rechercher sur la surface du territoire les principales opérations qui se présentent avec des conditions d'importance et des chances de réussite convenables. On arriverait ainsi, comme on l'a fait pour les voies de communication, à dresser l'inventaire méthodique des améliorations à poursuivre dans l'aménagement et l'emploi des eaux. Les projets de lois successifs seraient alors présentés aux Chambres. »

Suit un décret qui institue, sous la présidence du ministre des travaux publics, une commission supérieure pour l'aménagement et l'utilisation des eaux.

TABLE DES MATIÈRES

COULOMMIERS. — TYPOGRAPHIE PAUL BRODARD.

www.ingramcontent.com/pod-product-compliance
Ingram Content Group UK Ltd.
Pitfield, Milton Keynes, MK11 3LW, UK
UKHW022102190726
13855UKWH00002B/586

9 782013 443630